Osprey DUEL

オスプレイ"対決"シリーズ
12

ドイツ戦車猟兵
vs
KV-1重戦車
東部戦線1941-'43

［著］
ロバート・フォーチェック

［カラーイラスト］
ピーター・デニス
イアン・パルマー

［訳］
宮永忠将

Panzerjäger VS KV-1
Eastern Front 1941-43

Text by
ROBERT FORCZYK

大日本絵画

◎著者紹介
ロバート・フォーチェック　ROBERT FORCZYK
メリーランド州立大学にて国際関係および安全保障に関する研究で博士号を取得。ヨーロッパとアジアの軍事史にも造詣が深い。アメリカ陸軍第2、第4歩兵師団の機甲課や、第29軽歩兵師団の情報部などで18年の勤務経験を積み、現在は陸軍の予備役中佐となっている。現在はワシントン D.C. にてコンサルタント業に従事している。

ピーター・デニス　RETER DENNIS
1950年生まれ。Look and Learn 誌のような雑誌に影響を受けてリヴァプール美術学校に進学し、イラストレーションを学んだ。数百冊の本に携わり、特に歴史分野でのイラストを得意としていて、オスプレイ関連の仕事も多い。熱心なシミュレーション・ウォーゲーマー、プラモデラーとしての一面もあり、イギリスのノッティンガムシャーを活動拠点としている。本誌では戦闘シーンのイラストを担当した。

イアン・パルマー　IAN PALMER
豊富なキャリアを持つイラストレーター。3Dデザインコースを専行し、現在はイギリスのゲーム・ディベロップメントの分野でアート・ディレクターとして活躍中である。芸術家としての本業の他に、音楽家、モーターサイクル愛好家の顔を持っている。サリーに居を構え、妻と娘、2匹の猫に囲まれて暮らしている。

目次
contents

4	はじめに	Intorduction
8	年表	Chronology
10	開発と発展の経緯	Design and Development
25	対決前夜	The Strategic Situation
30	技術的特徴	Technical Specifications
43	戦車兵と戦車猟兵	The Combatants
48	戦闘開始	Combat
74	統計と分析	Statictics and Analysis
77	戦い終えて	Aftermath
79	参考文献	Bibliography

はじめに

KV重戦車はドイツ人にとって衝撃以外の何者でも無かった。彼らが持ち込んだいかなる火砲にも耐えることができたのだから。

コンスタンティン・ロコソフスキー将軍

　第一次世界大戦の末期、ドイツ軍はカンブレー、ソワッソン、アミアンなど各所で、連合軍の戦車部隊を相手に戦って大敗を強いられた。ドイツ軍上層部は戦車がもたらす脅威に気付くのに遅れただけでなく、その場しのぎの弥縫策に終始した。しかも遅すぎて、少なすぎたのだから、成果が上がるはずがない。最初に導入したマウザー製の13㎜対戦車ライフルは、1916年から翌年頃までの軽量で動きの悪い戦車が相手なら一定の効果があった。しかし1918年になって連合軍が重武装の戦車を投入してくると、対戦車戦闘力の欠如が隠せなくなってくる。例えばドイツ軍は師団装備の77㎜野砲用に徹甲弾を試したりもしたが、紆余曲折を重ねてようやく対戦車砲を軽量化する必要があるとの認識に至った。開発企業に選ばれたラインメタル社では、エンジニアが調達可能な部材をやりくりして37㎜対戦車砲を開発した。良好な条件下で徹甲弾を使用すれば、射撃距離500mで15㎜の装甲を貫通できる。イギリス軍のMark.V戦車が相手なら充分な性能だ。終戦までにラインメタル社は600門の対戦車砲を製造したが、ドイツ軍はヴェルサイユ講和条約で課せられた軍事制限により、対戦車砲を破棄しなければならなかった。イギリス、フランスは自軍の優位を保証するために、戦後のドイツ国軍に対して、あらゆる対戦車兵器の開発と保有を禁じたのである。

　戦後、ドイツで軍の主導的立場にあった人々は大戦の教訓や軍事技術の発展について徹底的に研究し、ドイツ国軍（ライヒスヴェーア）の再建時には最高の武器を揃えようと決意していた。とりわけドイツ国軍総司令官のハンス・フォン・ゼークト上級大将は、将来の戦場では戦車の役割が増大すると予見し、同時

1918年に実用化された37㎜対戦車砲 TaK36の射撃シーン。第一次世界大戦における戦車戦の経験から、ドイツ軍はシルエットが低くて小型軽量な対戦車砲を好むようになった。戦場での移動も容易で、地形を活かした配置により敵戦車からも発見しにくいからだ。（著者所有）

にこの脅威に対抗するためには優秀な対戦車砲が必要であると結論していた。陸軍としても、戦車という兵器について次の戦争までに答えを出さなければならない。しかし連合国から査察を受けつつ、一方で財政難の状態とあっては、兵器開発はままならない。将来の大量生産に備え、まずは試作兵器のみの開発が、査察の目を逃れるように地下で行なわれた。ラインメタル社は1925年から極秘裏に対戦車砲を開発に動きだし、陸軍兵器局は1918年に中断していた37㎜対戦車砲の改良版を開発するようラインメタル社に申し入れた。この時点で、それなりの数の戦車を保有している国はイギリスとフランスしかなかったが、戦車開発のレベルは第一次世界大戦の枠に留まっていた。重戦車と呼べる存在は、フランスが10両だけ保有していたFCM 2Cくらいしか見当たらず、安価な軽戦車や豆戦車(タンケッテ)の市場が世界的には主流となって活況を呈していた。37㎜対戦車砲であれば、このような軽戦車は容易に撃破できる。ラインメタル社が新式の37㎜対戦車砲開発に着手したことを受けて、ドイツ国軍は、当面は水準以上の対戦車砲を確保したという自信を強めていた。

　ところが戦間期とは奇妙な時代で、ラインメタル社がドイツ軍のために最高の対戦車砲を開発している一方で、ドイツでは長らく不倶戴天の敵としていた相手と最新技術を共有しようという動きが始まっていた。1922年にラパッロ条約［訳註1］が締結されると、ドイツはソヴィエト連邦と手を結んで兵器開発に乗り出したのだ。ヴェルサイユ条約の制約に苦しんでいたクルップ社やラインメタル社は、この条約を通じて秘密裏にソ連国内で新兵器の開発研究を進められたのである。ラインメタル社はすでに短期間で37㎜対戦車砲 L/45を開発していたが、連合軍の監視があったために国内では実戦を想定した射撃試験が行なえなかった。こうした制約を解決すべく、新型戦車の研究ならびに対戦車砲の技術開発拠点として、1927年にソ連のカザンに研究機関が創設された。ラインメタル社はこの秘密計画に積極的に参加し、ソ連のフロント企業であるBYUTAST（技術生産研究局）社と提携した。1929年暮れにはソ連軍代表団がドイツに来訪して、ソ連における武器開発計画に参加を希望する企業を勧誘している。ラインメタル社のエドゥアルド・グローテ技師はこの事業に志願して、1930年3月に技術者有志数名と共にレニングラードに赴いている。

　このようにラインメタル社が開発拠点と新兵器の試験環境を求めていた一方で、赤軍の側でもドイツの高度なエンジニアリングに裏付けられた技術移転を求めていた。ミハイル・トハチェフスキー主導のもとに、赤軍は第一次世界大戦とロシア内戦を戦った伝統——と言えば聞こえはよいが、実のところ保守的な歩兵と騎兵中心の軍隊から、より技術的側面に敏感な軍隊への変化、つまり戦車や航空機、砲兵の機械化といった近代的軍隊への脱皮を目指していた。特に赤軍は、いかにして敵の縦深陣地を突破するかという、第一次世界大戦で明らかになったもっとも厄介な軍事的課題の解決策を模索していた。彼らが最初に着手したのは、原理原則の追求であった。1929年、ウラディミール・K・トリアンダフィーロフは『現代軍の作戦における特質』という著書の中で「縦深突破作戦」［訳註2］の理論的枠組みを作り、敵の防御線を破る切り札として、大規模な機械化部隊の創設を提唱した。1931年までには、縦深突破作戦の理論的枠組みは、機械化部隊のドクトリンとして広く認められるようになった。さらにソ連の軍事

訳註1：敗戦国ドイツと、共産主義革命によって国際的に孤立したロシアの接近により、1922年にイタリアのラパッロで締結された秘密協定。ソ連軍はドイツの技術協力や、ドイツ流の将校教育を受けられる一方、ドイツは開発が禁じられていた戦車や航空機の開発拠点をソ連国内に設けることが認められた。

訳註2：トハチェフスキー元帥ら草創期の赤軍の高級将校は、内戦の経験から「軍は連続して作戦できる能力が必要」という認識に到達していた。これを前提に、1930年代には敵戦線の全縦深を歩兵直接支援攻撃と歩兵遠距離支援攻撃、航空攻撃を組み合わせた立体的な編制の軍で連続攻撃することで戦線背後の奥深くまで縦深突破できるという理論にまで発展した。ソ連軍はこのドクトリンをもとに5ヵ年計画で軍の機械化を進め、重戦車は歩兵直接支援攻撃の要とされたのである。

理論家は縦深突破作戦を成功させる具体的な方法として、複数の梯団による波状攻撃の研究を深める過程で、様々なタイプの戦車が必要であるとの結論に達していた。つまり軽戦車は歩兵支援にあたり、中戦車は戦果を拡大し、重戦車は突破戦闘時に最前線に立つといった、戦車の役割に応じたカテゴリー分けが求められたのだ。こうした前提から国防会議が軍需工場に対して重戦車の量産化を要求したことで、トハチェフスキーやトリアンダフィーロフらは、赤軍が戦場で敵を撃破できる力を得たとの自信を強めたのである。

　かくして奇妙な対比、つまりドイツが新式の対戦車砲開発のためにソ連の広大な土地を望み、ソ連が重戦車開発に不可欠なドイツの技術を欲するというねじれ関係の中で、ドイツ軍の対戦車部隊（原註：当初は対戦車部隊／Panzerabwehrと呼ばれていたが、1940年4月に戦車猟兵／Panzerjägerに改称された）とソ連軍重戦車の対決の下地が固まりつつあった。自前の武器システムを洗練するために互いを利用しようとしていたのだ。1933年の時点では、両陣営とも互いの技術水準をよく理解していた。ラインメタル社は37㎜対戦車砲L45をソ連に売却していたし、初期のソ連軍重戦車開発計画にはドイツ人技師が参加していたからだ。しかしヒトラーが政権を掌握して、ソ連との対決政策に舵を切ると、両国の協力関係の歴史は終わり、やがてはドイツ国防軍と労農赤軍が戦場で相まみえることになる。ドイツ人はソ連の技術水準に比較した国防軍の優位を傲慢と呼べるほど過信していて、他国の協力がなければソ連が重戦車を独自開発

戦場での機動性の高さが37㎜対戦車砲をドイツ陸軍に売り込む最大のセールスポイントであった。陸軍は対戦車砲に迅速な渡河能力および不整地での高い運用性を求めていたからだ。37㎜対戦車砲はこのようなドイツ軍の要求に合わせて設計された兵器であり、敵戦車の実態はほとんど考慮されなかった。（イアン・バーター氏所有）

できるはずなどないと断定していた。ところが1941年6月に独ソ戦が勃発すると、開戦からわずか2日目にしてドイツ軍は大変なショックを受けることになる。自軍の対戦車砲がまったく通用しない重戦車の量産化にソ連が成功していたという事実に直面したからだ。ソ連軍のKV重戦車に対抗すべく、ドイツ軍は対戦車砲の開発強化に狂奔し、赤軍は実質無敵のKV重戦車を先頭に押し立てて侵略者の出鼻を挫こうとする。ロシアの広大な大地にて、軍事技術の古典的シーソーゲームが始まったのだ。1941年から1943年にかけての両者の関係は戦術レベルの対決であったが、それは容易に作戦レベルに影響を与える戦いへと変化したのである。

年表 —— CHRONOLOGY

1925年2月 ドイツ国軍が37mm対戦車砲の要求仕様をまとめる。

1927年6月 陸軍兵器局が37mm対戦車砲開発の優先度を上げる。

1928年1月 ラインメタル社は37mm対戦車砲L/45を試作完成させる。

1929年5月 ラインメタル社は37mm対戦車砲L/45の初期低率生産を開始する。

7月 ソヴィエト連邦の国防会議が重戦車開発を承認する。

1930年8月28日 ラインメタル社は対戦車砲生産技術の移転についてソ連と秘密裏に同意を交わす。

12月 ソ連でT-30重戦車開発計画が始まる。

1931年11月 OKMOがT-30試作車両の製造を開始する。

1932年2月 T-30開発計画は中止され、T-35重戦車開発へとスライドする。

9月 OKMOが最初のT-35重戦車試作車両による試験を開始する。

1933年8月 T-35重戦車の限定生産が始まる。

1934年9月 ラインメタル社は改良型37mm対戦車砲L/45への転換作業に着手する。

1935年 ラインメタル社は50mm対戦車砲の開発を開始する。

1937年11月 ABTUが76mm主砲とディーゼルエンジンを基軸とした新型重戦車の仕様をまとめる。

1938年5月 ラインメタル社が次期50mm対戦車砲の開発メーカーに選ばれる。
OKMOおよびコーチン設計局が中央軍事会議に対してSMK、T-100重戦車の提案を行なう。スターリンは試作重戦車の製造を許可する。

1933年にソ連はT-35多砲塔重戦車の開発に成功した。しかし35トンもの重量に達したにもかかわらず、距離400mからドイツ軍の37mm対戦車砲に容易に貫通されてしまうほど装甲が薄いT-35は、まもなく失敗作であることが判明した。(スティーブン・ザロガ氏所有)

1939年撮影、ラインメタル社のデュッセルドルフ工場に設けられた砲兵器組み立てライン。ラインメタル社は、1941年から'43年にかけて東部戦線で使用された対戦車砲の大半の設計開発と製造に係わっていた。ドイツ国内の他の軍需工場と同様に、スターリングラード戦の大敗までは、ラインメタル社も総力戦に備えた増産体制を敷いていなかった。（著者所有）

1939年2月	コーチン技師はKV重戦車を単砲塔とする決断を下す。
5月	T-100試作戦車が完成する。
8月	SMK重戦車の試作車が完成する。スターリンはKV重戦車開発を認可する。
9月	KV重戦車の試作車が完成する。T-100、SMK、KV-1の評価試験が始まる。クルップ、ラインメタル両者が75mm対戦車砲の開発を開始する。
12月	T-100、SMK、KV-1試作車両がソーフィン戦争に投入される。
12月19日	KV-1重戦車の量産が始まる。他の2種は不採用となる。
1940年2月	KV-2重戦車の試作車が製造される。
3月	I号戦車の車体にチェコ製47mm砲を搭載したI号対戦車自走砲の部隊配備が始まる。
4月	KV-1重戦車の限定生産が始まる。
5月	37mm対戦車砲用のPzGr40硬芯徹甲榴弾の配備が始まる。
8月	50mm対戦車砲PaK38の初期低率生産が始まる。
1941年5月	PaK38用50mm PaGr40硬芯徹甲弾の生産が始まる。
6月27日	OKHのKV重戦車の特別視察団が北方軍集団に派遣される。
11月	42mm対戦車砲 PaK41の試作砲が完成する。
1942年2月	37mm対戦車砲用の外装式成形炸薬榴弾Stielgranate41が導入される。75mm対戦車砲PaK40の部隊配備が始まる。当座の間に合わせとして75mm対戦車砲PaK97/38の部隊配備が始まる。
4月	鹵獲したソ連製76.2mm砲を元に76.2mm対戦車砲PaK36(r)への換装が始まる。PaK36(r)を搭載したマーダーII対戦車自走砲の生産が始まる。
6月	ヒトラーは硬芯徹甲弾へのタングステンの使用を禁止する。
8月	KV-1S重戦車の生産が始まる。
1943年2月	88mm砲搭載のホルニッセ対戦車自走砲の生産が始まる。
11月	88mm対戦車砲PaK43の配備が始まる。

開発と発展の経緯
Design and Development

我々が最後に吊す資本家は、そのロープさえ売りつけてくるに違いない。

カール・マルクス

ソヴィエト連邦の重戦車開発
THE SOVIETS

　1920年代後半、ミハイル・トハチェフスキーを筆頭とする赤軍の軍事理論家は、中戦車および重戦車からなる強力な機械化部隊こそが、西側の資本主義諸国を相手とする次の戦争で主力になると理解していた。当時、水準以上の性能を持つ重戦車はイギリス製多砲塔戦車のヴィッカースの34トンA1E1インディペンデント重戦車（原註：本書はすべてメートルトン単位の使用で統一する）[訳註3]しかなかったが、トハチェフスキーはその偉容に感銘を受け、ソヴィエト製重戦車のひな形になり得ると考えた。1929年7月、中央軍事会議は重戦車を含む複数の戦車開発計画を認可した。この開発計画を調整するために、1930年にレニングラードの第174ヴォロシーロフ工場内に、ニコライ・V・バルイコフ指導の下でOKMO（試作設計車両製作課）が設立された。また同じくレニングラードのキーロフスキー工場／第100工場でも戦車設計局が設立されている。しかし戦車や大型装甲車の設計、開発経験があるエンジニアはソ連産業界にはいないため、重戦車開発計画の立ち上げには外国の技術導入が不可欠であった。1930年3月にエドゥアルド・グローテ技師が率いる開発チームがレニングラードに到着すると、すぐさま重戦車開発の主導的地位を与えられ、バルイコフはグローテの代理となった。この時点でトハチェフスキーは、ヴィッカースのA1E1インディペンデント重戦車のような頑強な重戦車が突破正面に立つという戦場の将来像を描いていたようだ。

　ソ連の戦車開発を取り仕切る国防会議を率いるのは、スターリンの側近で、独裁者への阿諛追従では定評がある人民委員のクリメント・ヴォロシーロフであった。スターリン自身は技術的側面に関してはさっぱりであったが、武器の開発決定には深く関与するつもりでいた。新型戦車に対する要求は、UMM（労農赤軍自動車化機械化局）がまとめることになっていた。UMMは、戦車開発だけでなく機械化部隊の組織と訓練を管掌する部局として1929年に設立された組織である。1929年から1936年にかけての時期はイノチェント・A・カレプスキー、1937年から'40年まではドミトリー・G・パヴロフが、それぞれUMMを指揮していたが、両者ともソ連重戦車開発において重要な役割を果たしている（原註：UMMは1934年にABTU〔装甲車両局〕に、1937年にはGABTU〔装甲車両総局〕へと改称された）。カレプスキーは76.2㎜砲を2門、37㎜砲を1門、機銃6挺を搭載した60トン級重

訳註3：イギリス陸軍参謀本部の要求をもとに、1925年にヴィッカース社が製造した多砲塔戦車。主砲の3ポンドQE砲は全方位に射撃可能で、その上面に全周視界を確保した車長用のキューポラを設置。さらに7.7㎜機関銃を備えた4基の銃塔で死角を塞いでいた。銃砲塔と車長用キューポラには目標指示器が備わっていて、車長は個別に目標指示を出すことができた。動きが遅い歩兵に替わる歩兵戦車として開発されたものの、予算不足から量産にはいたっていない。しかし多砲塔戦車のコンセプトが結実した戦車として、ソ連の多砲塔戦車設計に大きく影響した。

戦車の仕様をまとめている。諸外国も同様だが、ソ連軍における戦車黎明期の指導者は、重戦車とは対戦車戦闘用の高初速砲と、対歩兵戦闘用の低初速大口径砲を搭載し、あらゆる角度に対して機銃を射撃できる陸上戦艦でなければならないと信じ込んでいた。それ故に、突破戦車は基本的に多砲塔戦車であるべきとされたのである。

　だが、ソ連はグローテ技師の開発能力ばかりか、実際には戦車開発の経験がないという事実をつかみ損ねていた。レニングラードに到着して6週間のうちにグローテの開発チームが国防会議に開発計画を明らかにすると、二、三の些細な指摘を加えただけで、ヴォロシーロフは開発許可を与えてしまったのだ。試作車両を製造する前の段階、あるいは適切な試験を実施するより先に早急に決断を下してしまう傾向は、以後戦争が始まるまでソ連の重戦車開発に害を為した。ヴォロシーロフは、グローテがUMMが提示した要求を無視して、76.2mm砲と37mm砲を搭載した、最大装甲30mmほどの20トン級戦車を開発しようとしている事実を見落としてしまったのである。またソ連では戦車用のエンジンやトランスミッションの開発経験が無いため、グローテはこれらも一から開発する必要に迫られていたのだが、国防会議はこの重大な意味をまったく理解していなかった。当然、グローテのチームがエンジンやトランスミッションの開発に成功するはずもないが、代わりに彼らは既存の航空機エンジンと農業用トラクターのトランスミッションをつぎはぎして間に合わせようとした。こうした努力が実って、1931年までにグローテはどうにか軟鉄製の試作車両を完成させたが、試験の初期の段階で、これがまともに動かない代物であることが判明した［訳註4］。OKMOのエンジニアはグローテの仕事から溶接車体の製造法を学ぶことはできたが、機械的な分野ではほとんど何も得られなかった。むしろOKMOのエンジニアたちは、グローテの取り繕いを目の当たりにして、目的に合わせた部品を一から開発するよりも、既存部品の流用で間に合わせようとする態度を身につけてしまった。これは言い訳のできない悪癖である。総開発費1500万ルーブルもの巨費と1年の時間を費やしたあげくに完成したグローテの駄作戦車を見て狼狽した軍事会議の面々は、まずグローテの開発計画を停止すると、開発主導権をOKMOの手に戻した。グローテはさらに1年をOKMO所属として過ごし、実りのない100トン戦車開発にまたも資源を浪費したあげくにポストを奪われ、ドイツへと送り返された。ヴォロシーロフを満足させるのはもちろん、なによりスターリンの不興を買わないためにも、バルイコフはUMMの要求仕様を満たすT-30重戦車の試作開発に全力を注いだが、1932年2月に木製モックアップの完成にこぎ着けるのが精一杯であった。突貫工事で製造されたT-30の試作車は、76.2mm砲と37mm砲を各1門ずつ装備し、40～60mmの装甲を持つ55トン級重戦車という姿であった。しかしUMMは多砲塔戦車という妄執の虜になっていた上に、バルイコフがT-30の再設計に応じようとしなかったこともあり、T-30開発計画は破棄された。

　しかしT-30を抹消する前に、OKMOは他の選択肢を検討していた。UMM所属のセミョン・A・ギンズブルク技師がイギリスに派遣され、2万ポンドと引き替えに16トン級A-6中戦車の開発計画に参加する機会を得たのである。またスパイ活動によってイギリスの戦車開発情報の盗み出しにも成功した。こうした準備のあとでギンズブルクはカザン戦車学校に赴き、

訳註4：「グローテ技師（設計）戦車」と呼ばれた、重量20トン、時速35km以上、装甲20mmという要求を元にグローテ技師の設計チームが開発した試作重戦車。片側に大型転輪を5個ずつ備え、履帯を外した車輪走行も可能。武装は対空砲撃も可能な37mm砲塔を上部回転砲塔に、中段の戦闘室には固定式の76mm砲と機関銃筒3基の他、履帯のサイドスカートからは側方に射撃可能なDT機銃が設けられた三階建ての構造になっていた。ソ連ではなじみがない溶接を多用するなど、新機軸が盛り込まれた野心的な戦車であったが、150万ルーブルもの高額な費用が妨げとなって試作のみに留まった。

ラインメタル社の大型トラクターⅡ号[訳註5]の開発書類と図面を閲覧した。このような一連の知識を携えて、ギンズブルクはヴォロシーロフ工場のSKB-1（第1特別設計局）で進行中のバルイコフの戦車開発計画に加わり、設計面でいくつかの新提案を行なった。もちろんイギリスとドイツの計画から着想を得ていたことは言うまでも無い。しかしUMMは多砲塔戦車の開発ラインを45トン級のT-35重戦車と、28トン級のT-28中戦車の二つに分けて進める方針を定めた。バルイコフはSKB-2（第2特別設計局）のニコライ・V・ツェイーツをT-35開発主任に、ギンズブルクをT-28開発主任にそれぞれ任命した。ツェイーツ技師は戦車開発者としては凡庸であったが、1932年9月にT-35重戦車の試作車両を完成させた。しかしここで再び、ヴォロシーロフは短慮からUMMにT-35を制式化するよう圧力をかけ、早急な量産を命じてしまったのである。彼の目には、T-35はまさに赤軍の力を象徴する「陸上戦艦」そのものに映ったのだ。76.2㎜砲を1門、（ラインメタル製37㎜砲を原型とした）45㎜砲を2門、機銃6挺もの重武装で、砲塔だけでも5基も搭載しながら、装甲は最大でも30㎜に満たないT-35は、実際のところ不出来な戦車であった。UMMはT-35が暫定的な戦車に過ぎないと理解していたので、なるべく早くT-35の製造ラインをハリコフ機関車製造工場に移管して、すぐに次の重戦車開発計画に着手すべきであると考えていた。実はこの時、ハリコフ機関車製造工場はBT系快速戦車の量産に手一杯で、T-35の限定生産でさえ2年も待たなければならなかった。ところが運用試験に供されたT-35は、当たり前に要求される登坂さえ困難であり、機動性は最悪であった。「ちょっと大きな水たまりにも立ち往生するんだ」とぼやく戦車長もいた。10名もの乗員が車内で移動することもままならないとあっては、内部配置の酷さは推して知るべきで、5基もある砲塔に命令が適切に行き渡らないことは、評価試験が始まってすぐに判明した。T-35重戦車の欠点が明らかになると、UMMはハリコフ機関車製造工場に61両で生産を中止するように命じ、すでに完成している車両は試験と宣伝に用いると決めた。こうしてT-35重戦車は失敗作で終わったわけだが、OKMOは突破戦車にとって不要な装備を知るという経験を得たのである。

　OKMOのエンジニアが実戦に耐える重戦車の開発に難航した原因として、ソ連重工業界の水準では、適切なエンジンや装甲を提供できなかったことがあげられる。初期のソ連製戦車はルビンスクでライセンス生産されたドイツ製のM-6航空機用エンジンで動いていた。独自開発エンジンが使用可能になったのは1939年になってからのことであるが、この年には突如として、GAM-34BTガソリンエンジンと、V-2ディーゼルの二種類の実用的エンジンが登場している。同じ様に1939年まで、戦間期においてソ連製戦車が使用できる戦車

訳註5：ヴェルサイユ条約の制限下、兵器局はラインメタル、クルップ、ダイムラー社それぞれに大型トラクター／重トラクター（グローストラクトゥール）の名称で重戦車の開発を要請した。これを受けてラインメタル社が開発したのがグローストラクトゥールⅡで、砲塔に75㎜砲のほか、機関銃3挺を搭載していた。軟鉄製の試作車だけで開発は終了し、その後の詳細は不明点が多い。「Ⅱ号」はラインメタル社に与えられた型番で、Ⅰ号、Ⅲ号はそれぞれダイムラー、クルップに与えられている。

1937年に製作された政治プロパガンダ用のポスター。モスクワでの赤軍メーデー記念パレードに列席するスターリンとヴォロシーロフの姿と、手前側にはT-35が一層際立つ様子で描かれている。重戦車はソヴィエト連邦の軍事力の象徴であると同時に、ドイツ軍への大いなる牽制になるとスターリンは確信していた。この軍事パレードによりドイツはT-35の存在を知ったが、ソ連の案に反してそれほど強い関心は引かなかった。（著者所有）

砲は76.2㎜砲しか存在しなかった。ゴーリキーにあるヴァシリー・グラビンのTsAKB（中央火砲兵器設計局）はL-11戦車砲に始まり、F-32、F-34と戦車砲を開発したが、L-11の開発着手は世界大戦勃発の直前であった。だが本当に深刻なのは戦車砲の開発部門がグリゴリー・I・クリーク元帥［訳註6］の管掌下にあったことだろう。クリークは戦車砲に資源が割かれることを嫌い、重戦車部隊の創設を妨害さえしていたのだ。このような環境のもとで、OKMOが重戦車開発能力を発揮するまでには、自動車工業や素材加工、冶金の技術水準の向上を待たねばならなかったのである。

　開発にあてた2年の投資を完全に棒に振ったT-35重戦車の大失敗のあとで、OKMOは再び重戦車開発に動き出した。キーロフスキー工場にてSKB-2の設計班がT-28の改良に取り組んでいる間に、ギンズブルクとバルイコフはSKB-1の設計班を新型戦車の開発に投入したのである。1934年には、才能溢れるエンジニアとして頭角を現していたミハイル・コーシュキン技師がツェイーツの設計班に加わった。コーシュキンは期日に間に合わせるために、不細工な部分には敢えて目を閉じて、速度性能を重視、PaK36を基準とする37㎜対戦車砲に耐える装甲という要求の元に、新規に30トン級重戦車を開発した。バルイコフはコーシュキンに開発許可を与え、T-46-5という開発コードを与えた。これは後にT-111に改められた。T-111は傾斜が付けられた60㎜の装甲と45㎜砲を装備した鋳造砲塔を備えていた。ツェイーツが取り組んでいた重戦車よりも明らかに洗練されていたこともあり、コーシュキンはT-111の設計が認められて赤軍勲章が授与された。しかしコーシュキンはOKMOの設計班を見限ると、1936年にハリコフ機関車製造工場の設計局に移り、間もなく傑作戦車T-34の開発に成功する。コーシュキンが去ったあとOKMOではT-111の試作車両を完成させたが、生産にまでは至らなかった。

　1937年5月、スターリンが赤軍大粛清を開始し、その手始めにトハチェフスキーをはじめとする軍の指導層を逮捕、監禁したのちに不当な裁判により処刑した。粛清の余波は戦車開発現場にも及び、SKB-2の設計主任が犠牲者となって、重戦車開発は責任者不在という状況で進められることになった。この空白期間にゾゼフ・コーチン技師が、SKB-2開発主任とレニングラードの主要三大戦車工場における開発ラインの整理統合の任を受けてUMMから派遣された。コーチンは有能な技師であると同時に、共産党とのコネクションを強く意識していた政治に敏感な人物であった。広く世間に誤解されているが、コーチン技師はヴォロシーロフ元帥の娘とは結婚していない（原註：彼はUMM出身の技師ナタリヤ・ポクロノーヴァと結婚している）。半年後、GABTUの新局長に就任したドミトリー・パヴロフは1929年にまとめられた重戦車の要求仕様を見直し、装甲防御力の強化とディーゼルエンジンを採用するという新方針を盛り込んだ。パヴロフはスペイン内戦の従軍で赤軍戦車部隊を指揮した経験から、戦車には防御力が重要であると痛感しており、37㎜対戦車砲に耐え、距離1200mからの75㎜砲にも抗堪しうる装甲を求めた。パヴロフはドイツ軍の主力装備である37㎜対戦車砲ばかりでなく、ラインメタル社が開発中の75㎜対戦車砲を視野に入れていたのである。コーチンはこの困難な開発計画を通じて自らの能力を証明しようと躍起になり、SKB-1とSKB-2の両計画をパヴロフの要求に沿う形でまとめ上げた。この時コーチンは、二つの開発班を競

訳註6：ロシア内戦を通じてスターリンやヴォロシーロフの知遇を得たクリーク元帥は砲兵畑に強い影響力を持っていた関係で戦車設計に深く関与し、1939年には砲兵総局長と国防人民副委員を兼任していた。技術面の無理解にともなう的外れな指示を連発して、ソ連の戦車設計開発に害を為した人物として知られるが、主に人格面の問題から部下の掌握に失敗して、戦車開発に必要な正しい判断材料を得られなかったのが真相だとされている。大戦中の前線指揮の失敗から降格を繰り返し、1950年に銃殺されてしまう。

わせることで戦車開発の質が向上すると考えていたようであるが、実際はそうはならず、返って開発リソースを浪費するだけの結果に終わってしまった。慌ただしい開発スケジュールの中で、新型重戦車のコンセプトをT-35およびT-111の経験から最大限引き出そうとした結果、両チームは開発期日ばかり重視して、創意工夫の視点を落としてしまったのである。またGABTUが防御力重視の意向を明らかにしていたことから、両班とも60㎜の正面装甲を確保していたが、ハリコフ機関車製造工場でのディーゼルエンジン開発が終わっていなかったため、従来のエンジンを流用しなければならなかった。同時に新型トランスミッションを開発する余裕も無かったので、エドゥアルド・グローテの設計失敗事例の反省から、アメリカ製ホルト10トントラクターのトランスミッションを採用するという単純な解決策を選んだ。前任者が処刑されている事実を重く受け止めていたコーチンは、最終的な完成度よりも、開発計画を予定表どおりに進めることに固執し、結果として55トンの車体に10トン用のトランスミッションを採用するという誤判断に向かってしまったのである。

　1938年3月、両開発班はスターリンとヴォロシーロフに新型重戦車の設計案を提出し、ともに開発継続許可を得た。続く半年の間、バルイコフ／ギンズブルクのSKB-1開発班はT-100戦車の仕様をまとめ上げ、ツェイーツのSKB-2開発班も計画を日程どおりにこなしていた。コーチンは、コーシュキンがハリコフ機関車製造工場で設計に携わっている新型中戦車が、自身の重戦車の競争相手になることを察して、露骨な政治工作を開始した。まずツェイーツの戦車をセルゲイ・キーロフにちなんだ「SMK」重戦車と命名した。T-100、SMKのどちらも口径76.2㎜戦車砲L-10とGAM-34BTガソリンエンジンを搭載し、トーションバー式のサスペンションを備えていた。

　1938年12月9日、コーチンは国防会議へのプレゼンテーションのためにモスクワに向かった。2両の重戦車それぞれの木製モックアップについて説明しなければならないのだ。もしコーチンが提案した55〜58トン級重戦車について、45トン級中戦車との機動性の違いを指摘されたらと考えると、コーチンの気は重くなった。しかしスターリンの反応は予想外であった。SMK重戦車から37㎜砲塔を撤去すればどれだけの重量を節約できるのかとの独裁者の質問に、コーチンは2.5トンは節減可能と即答した。スターリンは、もしも76.2㎜砲が対戦車戦、対歩兵戦の両方に使えるようになるのであれば、単砲塔戦車に変えるよう設計を見直し、節約した重量を装甲強化に廻すよう指示を出した。こうしてスターリンは開発継続の許可を与えたが、1939年8月までにそれぞれの重戦車について稼働状態の試作車両を完成させるよう厳命した。近い将来にヨーロッパで戦争が勃発することを見抜いていたスターリンは、いつまでも重戦車の内部をいじくりまわす段階を脱して、適切な防御力と機動性を備えた重戦車の調達を開始すべきと判断したのであった。

　レニングラードに戻ったコーチンはSKB-1、SKB-2それぞれの開発班に対して翌夏までに試作車両を完成させるよう尻を叩いた。しかし安全策を講じる必要を感じたコーチンは、SKB-2開発班にニコライ・L・ドゥホフ技師と専門教育を修めたUMMの若手技術者を送り込み、単砲塔型SMK戦車の開発に着手させたのである。そして1939年半ばの時期ではV-2ディーゼルの量産化に目処が立たないことが明らかになると、コーチンはすぐさ

ニコライ・L・ドゥホフ（1904〜1964）は、KV重戦車の主任設計技師である。彼はSKB-2で戦車の開発で優れた手腕を発揮し、のちにチェリャビンスクにおいてKV重戦車の生産を主導した。戦後は核兵器開発計画に従事し、1949年のソ連における最初の核実験に深く関与した。KV-1重戦車を推進し、ソ連核兵器開発の第一世代にあたる重要人物であるにもかかわらず、ドゥホフは西側諸国でほぼ無名の存在である。（著者所有）

SMK重戦車はKV-1の直接の前身に該当する。OKMOが出した突破戦車への要求内容は、車体前部砲塔に高初速の45mm砲を搭載するほか、主砲塔に76.2mmの大口径砲を搭載するというものであり、これによりSMK重戦車は複数の脅威に同時に対処できると期待された。（著者所有）

訳註7：クリーク元帥の息子は副官ではなく連隊政治委員が正しい。開戦当時、第20重戦車旅団は第90, 91, 95戦車大隊を中核に、兵員2926名、戦車145両を割り当てられていた。同旅団の戦闘経過ならびに、配備された試作車を含む重戦車の詳細については、独ソ戦車戦シリーズ16『冬戦争の戦車戦』、同18『労農赤軍の多砲塔戦車』共にマクシム・コロミーエツ著、大日本絵画刊に詳しい。

1939年9月に完成したKV重戦車の最初の試作車両では、SMK重戦車から引き継いだ76.2mm砲と45mm砲をひとつの砲塔に詰め込んでいる。生産タイプでは45mm砲は削減対象となった。（著者所有）

まドゥホフをハリコフ機関車製造工場に派遣して、問題を精査させた。結果、V-2エンジンは戦車用エンジンとして卓越した能力を発揮するものの、T-100やSMKに採用しようとするならばスターリンが設定した期日には間に合わないことが判明した。コーチンはやむを得ず試作車両にGAM-34BTエンジンを搭載して急場を凌ぐことにしたが、ヴォロシーロフを称えてKV重戦車と命名していた単砲塔の予備戦車にはV-2を搭載できるよう配慮すべきとドゥホフに命じておいた。こうしてSMK、T-100ともに期日より先に完成することができたが、KV重戦車の試作完成は1939年9月までずれ込んだ。3両の試作戦車は9月下旬までにクビンカ試験場に送られ、ヴォロシーロフ、パヴロフらの視察を受けた。この場にはコーシュキンも彼が設計したT-32中戦車とともに派遣されていた。コーチンはT-32中戦車の洗練された姿に衝撃を受けた。実際、あらゆる評価試験においてT-32はコーチンが用意したどの戦車よりも優れた成績を残している。ヴォロシーロフは3種類の試作重戦車に好印象を抱きはしたが、生産許可は見送った。

　以上のように重戦車開発が正念場を迎えていた1939年11月30日、スターリンはフィンランドへの侵攻を決断し、コーチンはこの戦争を重戦車の実戦テストに格好の機会ととらえた。そしてOKMOが手がけていた稼働状態にある重戦車のすべて、SMK（1両）、T-100（2両）、KV系（2両）をカレリア戦線に投入したのである。5両の試作重戦車は、クリーク元帥の息子が副官を務める第20重戦車旅団 [訳註7] のもとで一元管理された。12月19日、重戦車旅団はスンマ近郊でマンネルハイム線に対する強襲攻撃に参加した。フィンランド軍のボフォース製37mm対戦車砲は重戦車の足止めさえできず、期待どおりにフィンランド軍の陣地帯を突破する役割を果たすのに成功した。しかしSMKは地雷で擱座してしまい、T-100のうち1両はエンジン故障で立ち往生してしまう。そしてずさんな攻撃計画も災いしてソ連軍は敵の反撃により崩壊し、SMKは戦場に遺棄されてしまったのである。しかしT-100は14発もの37mm対戦車砲弾を受けたにもかかわらず、1発も貫通弾を出さなかったことから、重装甲の威力を証明できた。同様にKV重戦車もフィンランド軍の対戦車砲を寄せ付けなかったが、三種類の重戦車が装備していたL-11戦車砲は敵の掩蔽壕に対して威力不足であった。

　スンマでの攻勢を終えると、SMKは不適切な装備と見なされて開発計画は中止されたが、T-100は修理を受けて1940年2月から3

KV-1重戦車（1940年型：増加装甲）諸元

戦闘重量：47.5トン
乗員：5名（車長、砲手、操縦手兼整備士、副操縦手、無線手）

寸法
全長（砲を含む）：6.9m
全幅：3.32m
全高：2.7m

装甲（傾斜角）
車体正面：75+35mm（60度）
車体側面：75+35mm（90度）
車体背面：60-75mm（40度）
車体上部：35mm（0度）
砲塔正面／防盾：75／90mm（70度／円筒）
砲塔側面：75+35mm（75度）
砲塔背面：75mm（75度）
砲塔上部：35mm（0度）

兵装
主砲：76.2mm戦車砲 F-33 L/42
副次兵装：7.62mm DT 機銃x3（同軸、車体、砲塔背面）
主砲射撃速度：4〜8発／分
照準器：PT4-13（視野角26度）

積載弾薬数
主砲：114発（BR-350A徹甲榴弾 x28発、OF-350榴弾 x86発）
機銃弾：2150発

通信
外部：71-TK-3無線機
車内：TPU-4Bis内部通話装置

動力
エンジン：12気筒V-2ディーゼル
出力：600hp
変速機：前進5段、後進1段
燃料携行容量：600リッター
出力重量比：12.62hp／トン

走行性能
接地圧：0.84kg／cm²
路上最高速度：時速28km
不整地最高速度：時速16km
作戦行動半径：250km（路上）、180km（不整地）
燃費：2.4km／リッター

製造費：63万5000ルーブル（12万ドル／30万帝国マルク）

6.9m

訳註8：平時の国防会議は、戦時には中央軍事会議と名称を変え、様々な権限が集中すると同時に、参謀本部の上部組織としてソ連軍の指揮監督を担った。中央軍事会議の委員には党書記長、国防大臣、国防次官、各軍総司令官、ほか、関連省庁のトップが任じられた。

月にかけての攻勢に投入された。この戦闘にはKV重戦車も加わっている。スンマ戦の報告に接した中央軍事会議[訳註8]は、KV重戦車の量産化を決定した。驚くべきことに、まだ500kmも走行していない試験戦車に対して、追加試験を課すこともなく重大な決定をしてしまったのである。それでも陣地攻撃で威力不足を露呈した76.2mm戦車砲の改善は必須とされた。カレリア第7軍司令官のキリール・メレツコフ将軍は、マンネルハイム線のような強化陣地を攻略するためには、威力のある大口径砲が不可欠であると訴えていたのである。これを受けて、GABTUでは76.2mm砲搭載のKV-1に加え、T-100改良車体に152mm榴弾砲を搭載したKV-2突撃戦車の開発を推進した。キーロフスキー工場のエンジニアは夜を日に継いでKV-2の開発に取り掛かり、なんと2週間でML-10榴弾砲をKV重戦車の車体に押し込み、KV-2重戦車の最初の試作車を完成させてしまったのである。ここで再び、ヴォロシーロフと中央軍事会議は適切な評価試験を省いたままKV-2の生産を認めてしまった。KV重戦車の機動性の低さを非難したフィンランドの前線戦車兵の声はもちろんのこと、「KV重戦車は雪に埋もれ、まったく動けなかった」という第20重戦車旅団長の報告まで無視されてしまったのだ。

1940年6月からキーロフスキー工場にてKV-1、KV-2重戦車の量産が始まったが、中央軍事会議はチェリャビンスク・トラクター工場にもKV重戦車の生産準備を命じていた。1940年6月から翌年6月にかけての時期は、KV系戦車の月間生産台数は50〜60両ほどで、KV-1とKV-2の内訳はほぼ同数であった。初期生産型のKV重戦車はレニングラードの第20重戦車旅団に割り当てられた。故障や改修が必要になればすぐにキーロフスキー工場に戻すことができるので、これは理に適った処置であった。KV重戦車装備の戦車大隊は、訓練と修理の利便性を重視してまずレニングラード近郊で編成され、戦力が整った後に各軍管区の機械化軍団に割り当てられるべきとパヴロフは考えたのだ。しかしKV重戦車には強い関心を持っていた

スターリンは、レニングラードで生産が始まってからわずか2ヵ月後にパヴロフの頭越しに、KVの完成車両をキエフ特別軍管区の第4機械化軍団に配備するように命令した。スターリンはキーロフスキー工場でKV重戦車の改良を急がせている間に、前線部隊で実車訓練を終えさせて、経験を積んだ戦車兵を充分に揃えた状態でKV重戦車の受け入れ態勢を作ろうと望んでいたのだ。

　KV-1には突破戦車としての役割が期待されていた。対戦車砲などで強化された敵の構築陣地に強烈な楔となって突破口を穿ち、最低でも10〜15kmは前進して敵砲兵を蹂躙する。このようにKV-1がこじ開けた突破口に快速のT-34中戦車および軽戦車群が殺到して戦果を拡張する。GABTUが当初から描いていた青写真である。コーチンが設計したKV-1はかつてトハチェフスキーが夢想した突破戦車が具現化した姿であり、スターリンはこの戦車が赤軍に決定的な力を与えるものと期待していたのであった。

■ ドイツの対戦車砲開発
THE GERMANS

　1925年、ドイツ国軍（ライヒスヴェーア）は秘密裏に新型兵器の開発に着手していたが、特に急を要していたのが対戦車兵器と軽歩兵砲であった。しかしドイツの二つの主要火砲メーカー──デュッセルドルフのラインメタル社とエッセンのクルップ社──は、フランスによるルール占領下で事実上の活動停止状態に置かれ、この要求に応えられなかった。連合軍の管理委員会はラインメタル社に9000名の人員削減と工作機械の売却を要求していたので、同社には極めて限られたの武器生産能力しか残されなかったのだ。それでも1925年8月にフランスがルール地方から撤退すると、ようやく両社は伝統的なドイツ兵器メーカーという役割の回復に向けて動き出した。正式な契約は1927年6月まで持ち越しとなったが、ラインメタル社は早速、陸軍兵器局から対戦車兵器と軽歩兵砲の開発を受注した。

　第一次世界大戦の経験とドイツ国軍の予算規模から、軍は安価で軽量、機動性に富んだ対戦車砲を揃え、威力不足は縦深配置によって埋め合わせようと考えた。開発メーカーにラインメタル社が選ばれたのは、37㎜対戦車砲TaK36［訳註9］の開発経験があること、クルップ社が大口径砲の開発に関心を示していたことによる。カール・ヴァニンガー博士が25名からなる開発チームを指揮することとなり、リューネブルクにある閉鎖中の射撃訓練場にて秘密裏に開発が始まった。ヴァニンガー博士は6ヵ月の作業ののちに37㎜対戦車砲の試作砲を完成させた（37㎜ PaK L/45として制式化）。この砲は1928年時点では極めて優れた弾道特性を持ち、他国の類似兵器を遥かに凌ぐ性能であった。陸軍兵器局では連合国の監視にかかるのを警戒して国内での試射実験をあきらめ、数門をカザン戦車学校へと輸送して試験を行なった。試射では距離500mから29㎜の装甲鈑を貫通できることが確認された。試作砲の性能に満足した陸軍兵器局は、年産14門の低率生産を1929年5月に許可している。最終的に1個師

訳註9：ドイツ軍では当初、対戦車砲の略号としてTaK（Tank abwehrkanone）が用いられていたが、1930年代に入るとTankではなくPanzerの名称が一般的になり、略号もPaK（Panzerabwehrkanone）に統一された。ドイツ国防軍で使用された対戦車砲のメカニズムや開発経緯の詳細については、独ソ戦車戦シリーズ13『ドイツ国防軍の対戦車砲』マクシム・コロミーエツ著、大日本絵画刊に詳しい。本書でもドイツ軍の対戦車兵器の名称や口径表記は基本的にこの書籍に準拠している。

1920年代後半、カール・ヴァニンガー博士が率いる小規模開発チームの手によって、ラインメタル社は秘密裏に37㎜ PaK L/45の開発に成功した。木製スポークの車輪を使っていることから明らかなように、この段階での対戦車砲は自動車による高速牽引を想定していなかった。ヴェルサイユ条約の軍備制限にもかかわらず、ドイツは世界に先駆けて高初速対戦車砲を完成していたのである。（著者所有）

団あたり36門の対戦車砲を配備するというのが、かなり控えめながら陸軍の目標であった。もっともドイツ国軍にはおおっぴらにヴェルサイユ条約の規定違反を犯す覚悟がなかったので、このとき生産された対戦車砲は倉庫に運ばれてしまい、部隊では木造の模造砲で訓練が行なわれていたのであった。

しかしながら、このような低率生産ではラインメタル社の業績は回復せず、また条約が続く限り状況が好転する見込みもない。さらに大恐慌時代に突入したこともあり、ラインメタル社は生き残りをかけて新たな市場をソヴィエトに求めるようになった。同社の代理人はパートナーとしてBYUTAST社を選んだ。西側諸国の軍事技術を調達するために作られたソ連のフロント企業である。1930年8月28日、ラインメタル社は対戦車砲の製造技術をソ連に売却する秘密契約を112万5000ドルで交わした。この取引には12門の37mm PaK L/45の他、5種類の火砲の設計図も含まれている。PaK L/45の開発を端緒として、ラインメタル社の技術陣はカリーニンの第8工場で37mm M1930（1-K）を設計している。ソ連の軍需工場では1-Kのような兵器の量産が困難であり、1931年から'33年の間にどうにか400門あまりしか製造できないことが判明すると、ソ連では口径を45mmにまで拡大した独自の対戦車砲を開発しようと決断した。この過程でソ連の技術者たちはドイツ製対戦車砲に関する豊富な知識を得ることができた。

ソ連との取引で経営状態が改善したラインメタル社では、新式の37mm対戦車砲以外にも、20mm高射機関砲や105mm、150mm榴弾砲などの新兵器開発に取り組む余裕が得られた。1928年から1933年にかけての時期には37mm PaK L/45は若干の改良が施された程度であったが、1933年にヒトラーが政権を掌握すると、近い将来のヴェルサイユ条約の破棄が明確になる。ヒトラーはドイツ軍の機械化を望み、ルートヴィヒ・ベック中将の兵務局（参謀本部の擬装組織）は独裁者の要求に沿った装備の調達に動いた。37mm PaK L/45は輓馬牽引を前提とした木製スポーク式の車輪を備えていたが、車両での牽引に不向きであるのは明らかだ。そこで1934年9月、ベックはラインメタル社に対して車両牽引に適した37mm対戦車砲を開発するように命じ、従来の砲は空気タイヤに換装して、スプリングを追加した砲架に改めることになった。改良型対戦車砲は1935年初頭に運用が始まり、クルップ・プロッツ牽引車（Kfz.69）との組み合わせによる標準的な37mm対戦車砲となった [訳註10]。1935年3月にヒトラーがヴェルサイユ条約の破棄を公式宣言すると、ラインメタル社は37mm対戦車砲の増産を開始し、装いを新たにした国防軍（ヴェーアマハト）もこの砲を使った訓練を開始した。砲弾の改良も行なわれ、37mm対戦車砲用のタングステン弾芯弾が開発されている。1930年代のドイツでは他にも三つの重要な対戦車兵器の開発が行われている。一つはハンブルクの技術者ヘルマン・ゲルリッヒが取り組んでいたのが高初速の口径漸減砲（テーパーボア砲）である。ゲルリッヒは1935年に死去したが、彼の研究は対戦車砲にふさわしい新技術として注目され、マウザー社が対戦車砲に実装した。この時点では

訳註10：プロッツとはドイツ語で「牽引馬車」の意味で、これが大戦中に転じて、クルップ社のKfz.69を指す愛称になった。Kfz.69ベースとなったクルップ社の6輪牽引車L2Hシリーズであり、他にも無線通信用のKfz.68や、兵員輸送用のKfz.70、20mm高射機関砲を搭載した対空自走砲型のSdKfz.70など、様々なサブタイプが製造された。

ヒトラーが政権を掌握した1933年まで、ドイツ陸軍では37mm対戦車砲を使った訓練を実施できなかった。国防軍が新たに提唱した機動戦ドクトリンに対応するために、37mm対戦車砲は空気タイヤ式となり、改良型サスペンションが追加された。
（イアン・バーター）

ドイツ軍対戦車砲 諸元

37mm PaK36 L/46.5
- 製造メーカー：ラインメタル＝ボルジヒ社
- 操作班：6名
- 牽引車：Kfz69 クルップ・プロッツ
- 全長：3.4m
- 全幅：1.65m
- 全高：1.17m
- 重量：440kg
- 上下射界：25度／-8度
- 左右射界：59度
- 射撃速度：15～18発／分
- 砲身命数：4000～5000発
- 照準器：11倍率ZF1（視野角11度）
- 最大有効射程：600m
- 砲弾：PzGr39徹甲弾、PzGr40硬芯徹甲弾、Stielgranate41成形炸薬榴弾
- 製造費：5730帝国マルク（2292ドル／1万2147ルーブル）

50mm PaK38 L/60
- 製造メーカー：ラインメタル＝ボルジヒ社
- 操作班：5名
- 牽引車：SdKfz.7,8,11
- 全長：4.75m
- 全幅：1.83m
- 全高：1.1m
- 重量：986kg
- 上下射界：27度／-5度
- 左右射界：65度
- 射撃速度：12～14発／分
- 砲身命数：4000～5000発
- 照準器：8倍率ZF3（視野角8度）
- 最大有効射程：1500m
- 砲弾：PzGr38徹甲弾、PzGr40硬芯徹甲弾
- 製造費：8000帝国マルク（3200ドル／1万6690ルーブル）

1941年6月、東部戦線で37mm対戦車砲を操作する戦車猟兵。SIGNAL誌に掲載されたこの写真では、擬装もせず、道路のど真ん中に暴露した状態で戦っている姿が勇ましいが、実際にこんな状態でKV重戦車に対峙すれば、瞬時に撃破されてしまうのは言うまでもない。（著者所有）

　国防軍は口径漸減砲を要求しておらず、あくまでマウザー社の独自事業であった。試作の完成までには5年の歳月を要した。28mm対戦車重ライフルsPzB41と名付けられた試作砲が登場したのは1940年であったが、かなりの軽量にもかかわらず37mm対戦車砲より良好な性能を示して、ゲルリッヒの思想の正しさを証明した。陸軍兵器局もいよいよこの新型砲に関心を示し、クルップ、ラインメタル両社にさらに口径の大きな口径漸減砲の開発を命じた。しかし砲身寿命が極めて短いことや、距離500mを超えると急速に貫通力が低下すること、稀少重金属のタングステンを使った貫通力に頼る部分が大きいことなど、開発当初から口径漸減砲には問題が山積していた。

　また、陸軍兵器局は1935年の段階ではまだ理論の域に留まっていた成形炸薬弾（Hohlraumgranaten）にも関心を持っていた。成形炸薬弾は、高初速徹甲弾や稀少なタングステン弾芯弾のような物量エネルギーに頼らなくても、爆発時のジェットガスの効果によりかなり厚い装甲を貫通でき

75mm PaK40 L/48

製造メーカー：ラインメタル＝ボルジヒ社
操作班：8名
牽引車：SdKfz.7,8,11
全長：3.45m
全幅：2.0m
全高：1.25m
重量：1500kg（設置時は1425kg）
上下射界：22度／-5度
左右射界：65度
射撃速度：11〜14発／分
砲身命数：6000発
照準器：8倍率 ZF3（視野角8度）
最大有効射程：1800m
砲弾：PzGr39徹甲弾、PzGr40硬芯徹甲弾、Gr38HI/B 成形炸薬弾
製造費：1万2000帝国マルク（4800ドル／2万5440ルーブル）

る可能性を秘めていた。また成形炸薬弾はほぼすべての砲弾に適用できる強みもある。1935年にスイス、チューリヒの発明家アンリ・モウプが初めて対戦車砲弾としての成形炸薬弾を完成させ、フランス軍に販売する準備を整えていた。ほぼ同じ時期に、おそらくアンリ・モウプの先行研究を知った上での事と類推されるが、オーストリアの化学者フランツ・R・トマネックが同じ原理の成形炸薬弾を完成させている。オーストリアがドイツに併合されると、トマネックはドイツ空軍に雇われてブラウンシュヴァイク研究所に入り、彼自身の手で成形炸薬弾を完成させた。すぐに試験が行なわれ、70〜80㎜厚の装甲鈑貫通性能が確かめられた。しかしこの時点での成形炸薬弾には発火装置に不具合が多く、また高初速の対戦車砲より、初速が遅い榴弾砲の方が安定して信管が作動した。結果として1941年後半に導入された成形炸薬弾は、Ⅳ号戦車およびⅢ号突撃砲の75㎜砲用しか生産されず、戦車猟兵は1942年になるまで成形炸薬弾を使用できなかったのである。

　ドイツで開発された三つ目の対戦車兵器は対戦車砲の車載化、つまり対戦車自走砲である。1930年、ラインメタル社はカザンの開発工場にて37㎜PaK L/45の車載試験を行なったが、具体的な成果は見られなかった。ところが1935年に最初の戦車師団が編成されると、初期の軽戦車が対戦車戦闘では使い物にならず、Ⅲ号戦車やⅣ号戦車などの主力戦車に高初速の対戦車砲を搭載するにしても、砲塔の設計を一からやり直さねばならないことが判明した。しかし旋回砲塔を諦めるか、あるいは大型のハーフトラックの荷台であれば、大口径の対戦車砲が搭載可能である。そこで将来の発展余地を残すために、天蓋や砲塔を撤去して車体を砲座とした車両が開発されたのである。1935年、オズヴァルト・ルッツ少将麾下の自動車兵監部で作戦部長を務めていたヴァルター・ネーリング中佐は、既存の車両と兵器の組み合わせによる急造ながら、対戦車自走砲の要求仕様をまとめ上げた。戦争が勃発した1939年になって、ようやく陸軍兵器局はⅠ号戦車の車体にチェコ製47㎜PaK36（t）を搭載した対戦車自走砲の生産に着手した。生産企業はラインメタル社の協力企業であるベルリンのアルケット社で、1939年から翌年にかけての冬に生産が始まった。Ⅰ号対戦車自走砲と名付けられた急造兵器は、1940年のフランス戦役では軍直轄の4個戦車猟兵大隊にまとめられて実戦に投入された。Ⅰ号対戦車自走砲は全高が37㎜PaKや50㎜PaKの2倍以上もあり、当然、敵に暴露しやすい欠点はあったが、戦車の進撃速度に追随可能であり、47㎜対戦車砲は距離500mで47㎜の装甲貫通力があった。フランス降伏後は全体的に対戦車自走砲の緊急性こそ低くされたものの、陸軍兵器局は当面は50㎜砲、最終的には75㎜砲の搭載を視野に入れた対戦車自走砲の開発継続と増産を命じた。当然、車体の強化も課題に含まれている。

　1935年に国防軍が装備の自動車化に着手した時点では、37㎜対戦車砲は予見できる将来の範囲では充分に役に立つ兵器と認識されていた。重戦車を実戦配備している軍隊はまだ無く、20トンを超える戦車でさえ希な存在であったからだ。ヒトラーがスペイン内戦に派遣したコンドル兵団が装備した37㎜対戦車砲は、ソ連軍のT-26やBT-5戦車に充分有効であった。これらの10〜11トン級の戦車はせいぜい15㎜ほどの装甲しかないために、500m以上の射撃距離からでも通常の徹甲弾で容易に貫通できた

第一次世界大戦時に、ドイツ軍はすでにトラックの車台に対戦車砲を搭載しての実戦を想定していたが、この精神は第二次世界大戦にも引き継がれた。I号対戦車自走砲は、1940年初頭にチェコ製47㎜対戦車砲をI号戦車の車台に積載するという急ごしらえのまま制式化された自走砲で、フランス戦で初陣を飾っただけでなく、バルバロッサ作戦ではドイツ軍の主力対戦車自走砲であった。(Stavka,WH1088)

のである。陸軍兵器局はソ連のT-35重戦車の情報を掴んでいたが、むしろ関心を引いたのは1935〜'36年に登場したH-35、R-35、ソミュアS-35や、1937年の31トン級戦車ルノーB1bisなどフランス軍の戦車であり、ドイツ軍は37㎜対戦車砲の再評価を迫られていた。フランスの新型歩兵戦車の30〜60㎜の装甲に対して、37㎜対戦車砲では500m以内に接近しなければ有効な命中弾が期待できなかったからだ。結果として1938年5月、陸軍兵器局はラインメタル社に対して50㎜対戦車砲の開発を要求した。ラインメタル社の技術陣は口径を大きくすると同時に、砲身の口径長も増やすことを決めたが、牽引式対戦車砲としての基本構造には手を加えなかった。兵器局はフランス戦車の最新情報をラインメタル社に提供したが、この中でソ連戦車には一切触れていない。50㎜対戦車砲の試作品は1939年8月に完成し、評価試験では37㎜対戦車砲の約二倍、距離500mからの射撃で57㎜厚の装甲鈑を貫通できる性能が確認された。こうして新型の50㎜対戦車砲は50㎜ PaK38として制式化されたが、量産開始は見送られた。戦争が勃発して間もなく、重戦車の登場を見越した兵器局はラインメタル社、クルップ社と一緒に75㎜対戦車砲の開発検討会議を設けたが、正式な契約まではいたらなかった。

　バルバロッサ作戦が始まるまでは、ドイツ軍はいずれ直面するであろう

ドイツ人技師のヘルマン・ゲルリッヒは口径漸減砲の基本設計を1930年代に完成させていた。この原理とタングステン弾芯弾を組み合わせると、軽量の対戦車砲でも驚くべき初速と貫通力が得られる。28㎜対戦車ライフルsPzB41は最初に実用化された口径漸減砲で、バルバロッサ作戦時にはごく少数が前線に配備されていた。国防軍では他に2種類の大型口径漸減砲の開発が進行中で、装甲と徹甲弾の開発競争に勝利する重要な決め手として期待されていた。(イアン・バーター)

フランス戦役が修了した段階では、50mm対戦車砲が37mm対戦車砲の正式な後継兵器になるものと見なされていたが、ラインメタル社ではバルバロッサ作戦の発動前に増産体制に移行するところまで配慮できなかった。条件は厳しいが、PzGr40硬芯徹甲弾を使用すれば50mm PaK38はKV重戦車を撃破できる威力を持っていた。（イアン・バーター）

敵重戦車への対抗策としてタングステン弾芯弾と成形炸薬弾に期待していたが、フランス戦では重戦車がそれほどの脅威とならなかったこともあり、使用機会は限定されていた。しかし1941年6月に前線部隊が直面したKV-1やT-34に対して、従来のPaKがまったく効果がないことが判明すると、兵器局は新兵器開発に狂奔すると同時に、使える物なら何でも使って対抗しようと躍起になった。ところが戦車猟兵の戦闘力を急いで増強しようとする努力は、一方で見当違いの仕様要求や未調整のままの発注をメーカーに連発するという混乱を招き、防御力や機動性を欠いた火力偏重の兵器開発を促進する結果となってしまったのである。

1941年6月にはまだおぼろげな計画に留まっていたにもかかわらず、75mm PaK40は1942年と'43年のKV重戦車との対決で主要な役割を果たすことになった。バルバロッサ作戦発動以前はPaK40の開発優先度は低く、ラインメタル社での開発進捗も遅々として進んでいなかったのである。（イアン・バーター）

対決前夜
The Strategic Situation

ドイツ戦車猟兵は1940年5月から6月にかけてのフランス戦役で、英仏の中戦車や重戦車を相手に豊富な戦闘経験を積んだが、この戦いにおける脅威の程度は現行の装備で充分に対処可能であった。西方戦役でドイツ軍は標準装備は37mm対戦車砲PaK36（タングステンを使用したPzGr40硬芯徹甲弾は配備が始まったばかり）で、I号対戦車自走砲は軍直轄の4個大隊に集中配備されていた。ドイツ軍の対戦車砲はフランスのルノーB1bisやイギリスのマチルダ歩兵戦車の正面装甲を貫通できず、PzGr40を使用しても100m以上の距離だと効果はなかったが、連合軍戦車部隊が待ち伏せ戦術を多用したこともあり、対戦車砲が威力不足で面目を失う場面はアラスの戦いぐらいしか見られなかった [訳註11]。また、ごく短期間で勝利を得たことから、対戦車砲の陳腐化が問題視されることもなかったのである。そしてフランス戦が終わると、鹵獲したフランス戦車を使って50mm PaK38の試射が行なわれ、将来の脅威にも十分対処可能であると判定された。

1941年6月中旬、ドイツ軍は対ソ開戦の号砲となるバルバロッサ作戦発動に備えて123個師団を東部国境沿いに配置した。対戦車戦力としては、師団レベルの戦車猟兵大隊に加えて、対戦車自走砲装備である軍直轄部隊の戦車猟兵大隊14個を編成した。数字に直すと、37mm PaK36が7782門、47mm対戦車砲PaK36（t）が216門、50mm PaK38が783門、28mm sPzB41が178門、合計約9000門である。成形炸薬弾はまだ実用化されず、PaK38用のPzGr40硬芯徹甲弾は5月に生産が始まったばかりであった。結果として、PzGr40を使用するには連隊司令部以上の許可が必要とされた。バルバロッサ作戦におけるドイツ軍の主要な戦略目標はレニングラード、モスクワ、キエフの三都市であった。赤軍よりも優れた装備を持っている──ドイツ軍将兵はそう確信して戦いに臨んでいた。実際のところ、国防軍情報部（アブヴェーア）は赤軍戦車に関する情報収集に失敗し、敵戦車を量と質の両面で過小評価していたのであるが、前線部隊がそんなことを知るはずはない。ドイツ軍はT-35重戦車については良く知っていたが、KV重戦車やT-34中戦車の存在は掴んでいなかったのである。確かにT-35は規格外の重戦車であったが、開発は古くて、装甲は最大で30mmしかないので、情報部はバルバロッサ作戦以前にソ連軍が優れた重戦車を開発済みであるとは予想していなかったのだ。したがって、前線部隊に対峙するのはT-26やBT-7のような軽戦車であり、37mmないし50mm対戦車砲でも余裕で撃退可能と考えられたのである。ところが技術面で優位に立っているというドイツ軍の自信は、開戦からわずか2日で打ち砕かれてしまい、前線将兵の士気は著しく低下した。

ドイツ軍が侵攻を開始した時点で、赤軍は約2万4000両の戦車を保有していたが、そのうちT-34ないしKV重戦車の割合は5パーセントに過ぎなかった。スターリンがフランス戦後の1940年7月に機械化軍団の増設を命じ

訳註11：1940年5月から始まったドイツ軍の西方戦役では、アルデンヌ森林地帯における主力戦車部隊の突破とムーズ川の渡河成功により、英仏連合軍主力は南北に分断された。しかし5月21日にはドイツ軍の突出部側面に対してイギリス軍を中核とする反撃が行なわれ、重装甲のマチルダII歩兵戦車に対して、側面防御にあたっていたSS自動車化師団「トーテンコップフ」の37mm PaK36はまったく歯が立たず、同師団の一部は潰走した。最終的には88mm FlaK18や105mm軽榴弾砲が投入されて、マチルダII歩兵戦車は撃退された。

ていたこともあり、独ソ戦が起こらなければ、1941年夏は計画の具体化に当たる時期として一気に戦車戦力の拡充が進むはずであった。この事業に沿って創隊される機械化軍団は126両のKV重戦車を含む各種戦車420両を装備することになり、少なくとも書類上はドイツ軍戦車師団をはるかに凌ぐ戦力となる。実際、1年にも満たない計画期間で戦車部隊は3個大隊から20個大隊に拡大している。1941年6月時点でKV重戦車を受領した赤軍戦車師団は10個師団を数え、18個重戦車大隊、433両のKV重戦車が前線配備されていた。また70両が訓練部隊などの諸隊に振り分けられている。しかし装備と兵員が定数に達しているのは全体の三分の一に留まっていた。また同時期のKV装備の重戦車大隊は稼働率が著しく低く、実戦に耐える弾薬と燃料を確保している部隊はほとんど無かったのである。兵員充足度も平均すると75パーセントほどで、特に士官、下士官と整備兵が不足していた。クリーク元帥の妨害もあって、76.2㎜砲と152㎜砲の砲弾生産も低レベルに抑えられていたので、予備のストックなどあるはずがない。兵員の訓練も深刻なほど不足していて、1940年秋の演習に参加した第8戦車師団くらいしか大隊規模のKV重戦車運用を経験した部隊はなく、大半は中隊レベルの訓練で留まっている。1940年から翌年にかけての冬期に部隊配備されたKV重戦車の大半は防水シートをかぶせられたまま野ざらしとなって、1941年夏から本格化される予定の演習を待っている状態であったのだ。最悪なのは、新編の機械化軍団の司令部要員が戦車部隊の指揮能力を欠いていたことだろう。前線配備されたKV重戦車の三分の二は、キエフ特別軍管区に集められていた。第7戦車師団はKV重戦車50両、T-34を150両と、開戦時に比較的戦力が充実していた部隊の一つであった。それでも戦車は1両あたり1.5会戦分の76.2㎜砲弾（しかも榴弾のみで徹甲榴弾は無し）しか準備しておらず、燃料も満タン1回分だけしかなかった。驚くには当たらないが、開戦から2日目の前線への移動中に同師団の戦車は燃料切れで移動不能になった。第41戦車師団のKV-2重戦車にいたっては弾薬がない上に、操縦手もほとんど訓練を受けていない有様だ。このような致命的欠点を解決しないままに、ソ連軍指導部は機械化軍団に迅速な反撃を命じたのである。当然、KV重戦車大隊には戦闘準備を整える時間などあるはずもなかった。

　それでもKV重戦車の登場により、戦車猟兵の標準装備では対抗できない戦車をソ連軍が開発していたという事実に直面したドイツ国防軍では、作戦指揮を担当する高級士官の中に戦争の先行きを悲観視する者があらわれはじめた。ほとんど破壊不可能なKV重戦車は攻撃、防御の両局面でドイツ軍の重大な脅威となった。ごく少数でもドイツ軍の前進を阻むことができたからだ。「敵52トン級戦車の出現」という報告を受けた上級司令部は、これらを押し立てた大規模な反撃があることを予測して、急遽防御的な意識へと切り替わり、前進も慎重になった。実際の戦力に関係なく、KV重戦車が出現した戦区では、ドイツ軍の進撃速度は確実に鈍ってしまったのである。

　この時、当初は対戦車兵器として想定されていなかったドイツ軍の二つの兵器であればKV重戦車に対抗できた。88㎜高射砲Flak18/36と100㎜重カノン砲K18であれば、AP弾ないしAPHE弾使用時に距離500mからKV重戦車を撃破できたのである。1941年6月にドイツ軍は88㎜Flak18/36を

表1：ソ連軍KV重戦車の前線配備状況（1941年6月）

部隊	上級部隊	軍管区	KV戦車の数
第3戦車連隊／第1大隊	第2戦車師団、第3機械化軍団	沿バルト特別軍管区	31 KV-1/KV-2
第4戦車連隊／第1大隊			19 KV-2
第7戦車連隊／第1大隊	第4戦車師団、第6機械化軍団	西部特別軍管区	31
第8戦車連隊／第1大隊			31
第13戦車連隊／第1大隊	第7戦車師団、第6機械化軍団		25
第14戦車連隊／第1大隊			25
第15戦車連隊／第1大隊	第8戦車師団、第4機械化軍団		25
第16戦車連隊／第1大隊			25
第19戦車連隊／第1大隊	第10戦車師団、第15機械化軍団	キエフ特別軍管区	31
第20戦車連隊／第1大隊			31
第63戦車連隊／第1大隊	第32戦車師団、第4機械化軍団		18
第64戦車連隊／第1大隊			31
第67戦車連隊／第1大隊	第34戦車師団、第8機械化軍団		51
第81戦車連隊／第1大隊	第41戦車師団、第22機械化軍団		16 KV-2
第82戦車連隊／第1大隊			15 KV-2
第23戦車連隊／第1大隊	第12戦車師団、第8機械化軍団		9
第24戦車連隊／第1大隊			9
第21戦車連隊／第1大隊	第11戦車師団、第2機械化軍団	オデッサ軍管区	10
合計			433

622門と、100mm重カノン砲K18を300門ほど前線に配備していたので、重戦車への備えとしては万全に見える。しかしながら、どちらの砲も5トンもの重量があり、全高も50mm対戦車砲の2倍以上に達している。このような兵器を配置に付けるには大型のSdKfz7ハーフトラックを使わなければならない。また最初から前線に配置していなければ、大型で目立つ兵器を敵戦車の出現地点まで移動させるのは非常に難しい。もし露見すれば、重砲は防御力などないに等しい存在である。当然のことながら、高射砲、重カノン砲のどちらも通常は戦線後方で運用される兵器であり、KV重戦車の出現にあわせて前線に出てくるには相応の時間がかかる。

　もしドイツに潤沢なタングステン・カーバイドの備蓄があれば、KV重戦車やT-34の出現による脅威も迅速に排除できたであろう。実際のところ、バルバロッサ作戦開始時点で、ドイツ軍は対戦車砲弾が1年あたりに使用するタングステンの量を100トンと見積もっていたが、重戦車が登場したことで消費割合が800パーセントまで跳ね上がった。ドイツはタングステンの調達を完全に海外からの輸入に依存していた。1941年から1942年にかけて、ドイツは9100トンのタングステンを入手したが、調達先の90パーセントはスペインとポルトガルであった。ところが第三帝国での需要が跳ね上がることを見越したかのように、連合国によるスペイン、ポルトガル両国への経済的締め付けが奏効して、ドイツへのタングステン供給に制限がかかったのである。1942年2月に軍需相に就任したアルベルト・シュペーアは、ただでさえ乏しいタングステンの在庫が東部戦線の戦車猟兵にかなりのペースで消費されている一方で、兵器生産に不可欠な工作機械用への割り当てが減っている事態を懸念した。シュペーアは対戦車砲弾と工

ロシアにて牽引されながら小川を渡河する50mm PaK38。戦車猟兵は最前線に展開するよう求められていたが、大半の牽引車はヨーロッパの道路状況を基準に設計されていたために、ちょっとした悪天候でも泥濘化するロシアの道路に悪戦苦闘した。（イアン・バーター）

バルバロッサ作戦の開始段階におけるドイツ軍各軍集団の戦車猟兵大隊配備数と、ソ連軍のKV重戦車装備大隊が所属する師団の配置状況を示す。また1941年に戦車猟兵とKV重戦車が激しく交戦した戦場を個別に示している。両者の対決場面が、作戦序盤とレニングラード方面に集中しているのがわかるだろう。

KV重戦車と戦車猟兵の対決現場、1941年
① ラシェイニャイ 6/24-25
② ブローディ／デュブノ 6/23-28
③ グロドノ 6/24-25
④ オストロフ 7/5
⑤ ポロツク 7/7
⑥ クラスノグヴァルデイスク 8/19
⑦ ブリヤンスク 9/3-10
⑧ ブルコヴォ 9/13
⑨ ムテンスク 10/6

作機械のどちらが重要であるかヒトラーに選択させた。1942年6月、ヒトラーは対戦車砲弾へのタングステン使用を禁じ、当面の例外として50mm PaK38用の硬芯徹甲弾PzGr40に限り、師団司令部の判断での使用を許可した。生産済みの硬芯弾芯弾は分解ののち、タングステンを別の用途に再利用することになった。この措置は前線の戦車猟兵を不安にさせた。以降、大口径対戦車砲と成形炸薬弾の開発がソ連軍重戦車への対応策の中心となるのである。

1941年の冬季戦を写した一枚。ドイツ兵が凍り付いた斜面の上に37mm対戦車砲を引きあげようとしている。KV重戦車に対して明らかに非力であることを承知しながらも、ラインメタル社に新兵器の供給能力がなかったために、OKHは1943年まで37mm対戦車砲を使用しなければならなかった。

技術的特徴
Technical Specifications

1941年　ソ連軍のKV重戦車
SOVIET KV HEAVY TANKS, 1941

　GABTUがKV重戦車の生産を認可すると、赤軍はさっそく3800両の発注を出した。レニングラードのキーロフスキー工場では1940年から翌年にかけて3タイプのKV-1を生産し、チェリャビンスク・トラクター工場では1941年から'43年にかけて2種類のKV-1改良型モデルを製造している。またキーロフスキー工場では1940年2月から翌年10月の期間に2種類のKV-2重戦車を製造していた。以上を総計すると、KV-1重戦車が4220両、KV-2重戦車が204両生産されていたことが判明する。各モデルの概要は次の通りである。

《1939年型KV-1重戦車》

　1940年6月から10月にかけて106両が生産されたKV-1重戦車の初期型である。車体重量は43.5トンで、76.2㎜戦車砲L-11を搭載。車体および砲塔の装甲厚は75〜90㎜である。

《1940年型KV-1重戦車》

　1940年11月から'41年6月にかけて296両が生産された。より高性能な76.2㎜戦車砲F-32に換装されている。三割強の車両は砲塔と車体にボルト止めの追加装甲が装着され、装甲厚は最大110㎜まで増加した。しかし重量も約4トンほど増加している。

《1941年型KV-1重戦車》

　1941年7月から12月の時期に700両以上が生産された。鋳造製砲塔には76.2㎜戦車砲ZIS-5（F-34）が搭載されている。車体重量は45トンで、車体装甲は90〜110㎜、砲塔は100〜110㎜である。

《1942年型KV-1重戦車》

　1942年1月から8月にかけて1500両以上が生産された。76.2㎜戦車砲ZIS-5はそのまま流用されたが、装甲は車体が90〜130㎜、砲塔が100〜120㎜と強化されたた一方、重量も47トンまで増加した。不整地走行能力も時速13kmまで低下している。

《KV-1S》

　1942年8月から1943年3月にかけて1300両以上生産された。スターリンがKV重戦車の機動力強化に関心を示していたため、GABTUはコーチン技

師に対して5トンの重量軽減を命じた。KV-1S（Sは「快速」の意味）の不整地走行能力は時速24kmまで向上したが、T-34中戦車にはまったく追いつけず、装甲を削って軽量化を図った結果、車体装甲は60～75mmまで低下、砲塔も82mmまで減少したうえ小型化された。

《1940年型KV-2重戦車（大型砲塔）》

1940年2月から8月にかけて製造された24両の初期型が該当する。このタイプは砲塔が重すぎたために前線配備されていない。KV-2重戦車の車体重量は52トンで、巨大な砲塔に152mm榴弾砲M-10Tを搭載している。速度性能は低く、路上走行でも最高速度は時速26kmほどしかなく、車体装甲は75mm、砲塔も75～110mmである。当初KV-2はトーチカ破壊用の突破用重戦車として想定されていた。

《1940年型KV-2重戦車（小型砲塔）》

1940年11月から1941年6月にかけて、約180両の改良型KV-2戦車が製造された。車載機関銃の追加と装甲強化に留まる小改修型であり、いくつかの派生型を含め、4トンほど重量が増加した。

1941年　ドイツ軍の対戦車兵器
GERMAN ANTITANK WEAPONS, 1941

ラインメタル社は第二次世界大戦の勃発時に対戦車兵器開発に本腰を入れていた唯一のメーカーであった。バルバロッサ作戦発動時には次のような対戦車兵器が生産されていた。

《28mm対戦車ライフルsPzB41》

厳密には対戦車砲ではなくライフルに分類されるが、sPzB41はタングステン弾芯弾を口径漸減砲身から撃ち出す洗練された軽対戦車砲である。1940年7月にマウザー工場で試験が始まり、バルバロッサ作戦発動時には約200門が完成していた。

《37mm対戦車砲 PaK36》

バルバロッサ作戦発動時におけるドイツ国防軍の主力対戦車砲である。1941年6月までにラインメタル社では1万1000門以上を製造していたが、

1942年4月撮影。チェリャビンスク工場にてKV重戦車の組み立てが進む様子。同工場では1941年7月からKV重戦車の生産を開始し、1942年5月には月産325両と、生産ペースのピークに達した。
（著者所有）

PaK38へのライン切り替えが始まっていたために、生産ペースは減少傾向にあった。徹甲弾PzGr39使用時の貫通力は距離100mで35mmであり、最良の条件を想定してもKV-1の装甲には威力不足である。1940年にはタングステン弾芯を使った硬芯徹甲弾PzGr40の生産が始まったが、コストが合わず、独ソ戦開始時にはわずかな量しか用意されていなかった。しかしこの硬芯徹甲弾を使っても、PaK36は20〜30mの至近距離まで引きつけた上で背面装甲に命中させるのでなければ、KV重戦車にダメージを与えられない。このような戦車との「白兵戦」に耐える神経を持つ対戦車砲兵を探すのは困難である。

（原註5：1941〜'43年の期間におけるこの砲の名称は37mm PaKのみであったが、戦後になってから37mm PaK36が正式名称となった）

《47mm対戦車砲 PaK36(t)》

優れた性能を発揮したにもかかわらず、ドイツ軍はチェコの兵器メーカー、シュコダ社の47mm対戦車砲を少数しか生産しなかった。通常の徹甲弾の貫通力は射撃距離100mで52mmに留まるが、1940年7月に導入された硬芯徹甲弾PzGr40であれば100mで100mmほどの貫通力を発揮できた。1941年6月時点では戦車猟兵にとって最良の兵器であった。

《50mm対戦車砲 PaK38》

37mm PaK36の実質的な後継兵器であり、1940年4月から低率生産が始まった。当初デュッセルドルフ工場における量産態勢がなかなか軌道に乗らず、1940年を通じては月産100門を下回っていた。しかし1941年4月までには月産150門まで増加し、6月までのPaK38の総生産数は1200門を上回っている。独ソ戦開始時点では、PaK38には通常徹甲弾のPzGr39しか用意されていなかった。この砲弾の貫通力は射撃距離100mで69mmであった。

1940年8月に試験導入として低率生産が始まった75mm Gr38 HI/A成形炸薬弾は、ソ連軍重戦車の脅威に対するもっとも有効な解決策となる力を秘めていた。しかし戦車猟兵部隊への75mm砲の配備が1942年初頭までずれ込んだために、戦車猟兵は成形炸薬弾の恩恵を得られなかった。75mm歩兵砲IG18でも発射可能な成形炸薬弾ものちに開発され、歩兵部隊の有効な対戦車兵器となっている。

新型の50mm PaK38は37mm PaK36の2倍以上の重量があるために、機動性と火力の両立を妥協しなければならなかった。1941年7月の時点で国防軍はこのPaK38が世界でも無二の性能を持った対戦車砲であると信じていた。（著者所有）

1941年6月には3種類の対戦車兵器が開発中であり、陸軍兵器局は特に追加要求を出していない。以降の対戦車兵器はフランス軍のルノーB1bisを想定した敵重戦車への対抗手段として開発されたものである。

《42mm対戦車砲PaK41》

　口径漸減砲の原理を拡大したPaK41は、アシャースレーベンのビレーレア＆キュンツ社で製造される42mm口径漸減砲身を、ラインメタル社のPak36の砲架に載せて組み立てられた。機動性を損ねることなく対戦車攻撃力の強化を図ったのである。PaK41は1941年12月に低率生産が始まり、同月に37門が完成、1942年6月に生産中止になるまでに276門が生産された。PaK41用のタングステン硬芯徹甲弾PzGr41は距離500mで87mmの装甲を貫通可能であり、KV重戦車に対する効果も期待できるほどの高性能であった。しかし部隊配備は空軍の降下猟兵に115門、武装SSに25門と少数にとどまり、東部戦線ではほとんど存在感を見せられなかった。

《75mm対戦車砲PaK40》

　ラインメタル社は1939年の段階で口径75mmの対戦車砲開発に着手していたが、KV-1が姿を現すまでは開発優先度は低かった。しかしKV-1とT-34の脅威が明らかになると、軍需相フリッツ・トートはPaK40開発計画を促進し、1941年11月に試作砲が完成した。慌ただしく試験を終えると1942年4月には生産が始まり、1942年にまず2114門、1943年には8740門が生産された。PaK40は徹甲弾PGr39を使用した場合でも距離500mからであればKV-1を破壊することができた。

表2：ドイツ軍戦車猟兵の装備更新状況

武器名	配備開始年	戦闘重量	全高	射撃速度(分)	製造費(RM=帝国マルク)	砲身命数(発)
37mm PaK36	1936	440kg	1.17m	15-18rds/min	5730RM	4000-5000rds
47mm PaK36(t)	1939	590kg	1.14m	16-20rds/min	不明	不明
28mm sPzB41	1940	223kg	0.83m	22rds/min	4500RM	500rds
50mm PaK38	1940	986kg	1.1m	12-14rds/min	8000RM	4000-5000rds
42mm PaK41	1942	642kg	1.17m	10-12rds/min	7800RM	1000rds
75mm PaK40	1942	1425kg	1.25m	11-14rds/min	12000RM	6000rds
75mm PaK41	1942	1356kg	1.8m	13rds/min	15000RM	600-1000rds
75mm PaK97/38	1942	1190kg	1.05m	10-14rds/min	8000RM	不明
76.2mm PaK36(r)	1942	1730kg	1.22m	10-12rds/min	不明	6000rds
88mm PaK43	1943	3700kg	1.98m	6-10rds/min	26000RM	2000rds

《75㎜対戦車砲PaK41》

　クルップ社もバルバロッサ作戦発動前の段階で75㎜対戦車砲の開発に着手していた。しかし実績で先行するラインメタル社のPaK40に対抗するため、クルップ社は高初速性能を優先して口径漸減砲を選んでしまった。最初のPaK41試作砲は1942年4月に完成し、距離2000mでKV-1の装甲貫通に成功した。期待通りにラインメタルの75㎜PaK40を大きく上回る高性能を発揮したわけであるが、貴重なタングステン弾芯弾が必要であるため、150門だけの生産で打ち切られたのである。

　独ソ戦が始まった時点で戦車猟兵はもっぱら牽引式の軽対戦車砲を運用していたが、前線部隊の快進撃に歩調を合わせるには対戦車自走砲を装備した軍直轄の戦車猟兵部隊がより多く必要であることを間もなく痛感した。1941年6月には次の二種類の対戦車自走砲が前線配備されていた。

《Ⅰ号対戦車自走砲》

　1940年3月から翌年2月にかけて、チェコ製47㎜PaK36（t）をⅠ号戦車の車台に搭載した対戦車自走砲が生産された。ドイツ軍初となる202両の対戦車自走砲は、軍直轄の戦車猟兵大隊の装備となった。

《対戦車自走砲35R（f）》

　1941年5月から10月にかけて、フランス戦車ルノーR35の車台にチェコ製47㎜PaK36（t）を載せた対戦車自走砲も174両ほど開発された。しかし間もなくR35（f）が対戦車砲の車体に不向きであるどころか、改造前の軽戦車にさえ劣る事が判明した。

　既存の対戦車兵器ではKV-1やT-34に歯が立たないという事態に慌てふためいた国防軍は、対抗兵器の確保に狂奔した。1941年6月以降、軍需相フリッツ・トートは陸軍兵器局を通じて、KV-1およびT-34に対抗可能でさえあればろくに吟味をせずに新型対戦車兵器の開発計画を乱発した。ラインメタル、クルップ両社が着手している対戦車砲開発計画に加え、トートはロシア、フランス、チェコから鹵獲した雑多な砲と、チェコないしフランスの戦車の車体を思いつくままに組み合わせ、ドイツの技術で強引に結びつけた即製兵器の大量製造によってKV-1に対抗しようと考えたのだ。しかし鹵獲兵器の流用に依存した兵器開発は、ドイツ軍が深刻な技術的迷走状態に陥っていたという事実を顕わにするばかりであった。

《75㎜対戦車砲PaK97/38》

　ソ連製重戦車への切り札となる75㎜成形炸薬弾Gr38Hl/Aを使用可能な75㎜砲の確保を急ぐために、ラインメタル社はフランスで鹵獲した75㎜カノン砲を既存のPaK38用砲架に搭載しての数あわせを試みた。反動を抑えるために、マズルブレーキが追加されている。こうして完成したPaK97/38はPaK40よりも25パーセントほど価格が安く、1942年中にラインメタル社は2854門のPaK97/38を製造した。PaK97/38が東部戦線に投入されたのは1942年中期である。PaK97/38は距離500m以内でしか有効弾を

PaK97/38は大急ぎで対戦車砲に改造された鹵獲兵器である。フランス軍の75mm野砲1897年型の砲身をベースに、ドイツ製の砲架を組み合わせて、成形炸薬弾を発射できるように改造しただけなので、PaK97/38は安価で使いやすい兵器として歓迎された。ソ連軍重戦車相手にも有効な兵器であった。（イアン・バーター）

期待できなかったが、成形炸薬弾を使えば75mmまでの装甲を貫通できるので、KV-1の側面装甲に命中すれば充分な威力があった。しかし通常の交戦距離では一目標あたり5発の対戦車砲弾が必要となる。PaK97/38には曳光弾が用意されていなかったために、砲操作員は命中弾の確認にしばしば苦労することとなった。

《76.2mm対戦車砲PaK36(r)》

開戦直後の1941年7月に、早くもドイツ陸軍は鹵獲したソ連製76.2mm砲F-22をもって敵重戦車に攻撃を加えている。しかしこの方法には不安定な弾薬供給を筆頭に、いくつもの問題点があった。75mm PaK40の砲弾が使えるように薬室を換装するなど、ラインメタル社にはドイツ軍の基準に合わせた改修作業が委託された。最初のPaK36(r)が前線に届いたのは1942年2月のことで、同年のうちに357門が供給されている。成形炸薬弾あるいは徹甲弾によりPaK36(r)は射撃距離500mでKV-1の装甲を貫通することができた。

ソ連軍から鹵獲した大量の76.2mm砲F-22も対戦車砲に改造された。全高を低めに再設計し、ドイツ製の砲弾も射撃可能になったことで、76.2mm PaK36(r)は1942年におけるKV-1重戦車との対決において、戦車猟兵の最良の武器となった。（イアン・バーター）

これまで列挙してきたように、陸軍兵器局は様々な重対戦車砲の開発計画を推進したが、KV重戦車との遭遇戦に関する前線からの報告を詳しく検討した結果、大型の牽引式対戦車砲では移動に時間と手間がかかりすぎて、敵戦車との機動戦では分が悪いことが判明した。報告を受けた陸軍兵器局では、少なくとも一部の重対戦車砲は自走砲化する必要があるとの結論に達した。Ⅰ号対戦車自走砲の実戦運用実績から、ラインメタル社はアルケット社をはじめとする兵器メーカーをとりまとめ、1941年12月にⅡ号戦車および38(t)戦車の車体にPaK40およびPaK36(r)などの大口径対戦車砲を搭載する、新型対戦車自走砲の開発計画を立ち上げた。この方法はまずもって準備時間を短縮できる利点があり、設計に時間がかかる大型砲塔の完成を待たなくても主砲の威力を向上させられる。この一連の対戦車自走砲はマーダー（貂：てん）と名付けられ、1942年4月から順次、中隊規模の装備として配置された。

《マーダーⅡ（SdKfz.132）》

　Ⅱ号戦車の車体にソ連製76.2㎜砲を搭載したアルケット製の車両。1942年4月に初号車が完成し、同年中に201両が改装された。

《マーダーⅢ（SdKfz.139）》

　チェコ製38(t)戦車の車体にソ連製76.2㎜砲を搭載したタイプで、344両が生産された。

《マーダーⅡ（SdKfz.131）》

　Ⅱ号戦車の車体に75㎜PaK40を搭載した車両。1942年6月に登場し、1943年6月までの約1年で576両が生産された。

《マーダーⅠ（SdKfz.135）》

　フランスのロレーヌ牽引車に75㎜PaK40を搭載した車両。1942年7月から8月にかけて170両が製造された。

《マーダーⅢ（SdKfz.138）》

　チェコ製38(t)戦車の車体に75㎜PaK40を搭載したタイプで、1号車は1942年11月に完成。1943年4月にかけて試作車1両を含む242両が生産され、1943年中にさらに175両が38(t)戦車から改装された。

車高の高さにもかかわらず、76.2㎜砲を搭載したマーダーⅡ対戦車自走砲は、「青作戦」遂行中の戦車猟兵にとっては最良の対戦車自走砲であった。見晴らしのよいステップ地帯での戦闘で、マーダーⅡは距離500～600mでKV-1を圧倒することができた。（イアン・バーター）

外装式成形炸薬弾Stielgranate41は37㎜対戦車砲にKV-1、T-34への対処能力を持たせるための急造兵器である。この特殊榴弾はKV-1の重装甲を貫通するのに充分な力を持っていたが、命中精度が悪く、実質的な実用射撃距離は100mほどでしかなかった。（著者所有）

　新型重対戦車砲の開発と並行して、陸軍兵器局では37㎜および50㎜対戦車砲用の成形炸薬弾を開発して、軍全体の対戦車能力を底上げしようとした。たとえ限定的であっても現行の対戦車砲にKV重戦車への対処能力を持たせ、歩兵にも前線にしがみつく勇気を支える護符にしようとしたのだ。こうして1942年初頭に登場したのが、外装式成形炸薬榴弾である。37㎜外装式成形炸薬榴弾、Stielgranate41を使えば、PaK36でも射撃距離130mでKV-1を撃破できるようになる。しかし外装式成形炸薬榴弾は弾道特性が悪くて、命中精度が低い。KV重戦車の動きを止めるには効果的であるが、移動目標を攻撃するには不向きな兵器なのである。このような不備もあるものの、1942年には60万発以上の外装式成形炸薬榴弾が製造された。また歩兵用対戦車兵器としては、1942年5月に対戦車吸着地雷が登場した。敵戦車に近づいて素手で装着するという命知らずの兵器であるが、3kgの炸薬はソ連軍重戦車を撃破するのに威力充分であった。こちらも1942年から'43年にかけて60万発以上生産されたが、実際に戦車を「撃破」できた吸着地雷は1パーセントに満たないだろう。

　ドイツ軍の戦車猟兵とKV重戦車の「対決」は、火力と防御力、そして機動性という三要素によって形作られる。KV重戦車はまず火力と防御力の点で一方的に有利である。しかし戦車猟兵は機動性で優る。ドイツ軍は1942年中盤までに火力不足を克服したが、KV重戦車は1943年半ばまで頑丈な戦車という個性を変えることに完全に失敗したのである。

火力
FIREPOWER

　1941年から'43年にかけての時期、東部戦線の戦場で目標の敵を撃破しようとすれば、まず攻撃側は目標を発見してから適切な弾薬を選択しなければならない。先に発見して、先に射撃することができれば、圧倒的に有利となる。この期間のKV-1重戦車はドイツ軍のいかなる対戦車砲、対戦車自走砲も撃破する能力がある。攻撃目標が対戦車砲であれば、76.2㎜戦車砲用の榴弾OF-350（HE-FRAG弾）と7.62㎜機関銃が制圧する。OF-350は着発信管式で炸薬量も比較的少ないので、例えば巧妙に秘匿された対戦車砲のような小さい目標を狙うのには理想的ではない。しかしいったん視認できてしまえば、破壊したも同然である。またKV重戦車は履帯で敵対戦車砲を踏みつぶすこともできる。防御力がゼロに等しい自走砲が相手であれば、OF-350は一層効果的であるし、BR-350A徹甲榴弾も同様に威力を発揮する。したがって、KV-1戦車兵にとっては敵対戦車砲をいかにして

KV 重戦車用の砲弾

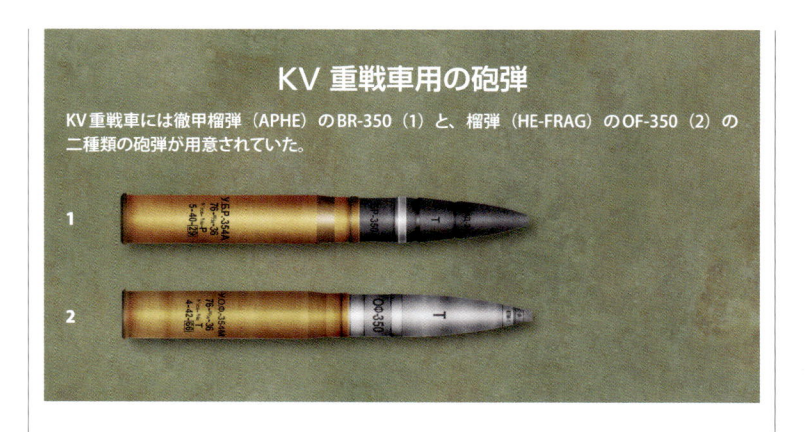

KV重戦車には徹甲榴弾（APHE）のBR-350（1）と、榴弾（HE-FRAG）のOF-350（2）の二種類の砲弾が用意されていた。

発見するかということが重要な問題だ。巧妙に秘匿された対戦車砲を、限られた視界に頼り、激しく振動する戦車の中から発見するのは極めて困難であるからだ。射手用のTMFD-7照準器は、射界が15度ほどしかなく、これで敵を発見しようとしても時間の無駄である。車長用のPTK-5ペリスコープは視認範囲を広くとれるが、砲塔の左側面および後方に深刻な死角を抱えている。後方射界をカバーするために7.62㎜DT機関銃が設けられているものの、狡猾な戦車猟兵はすぐにKV重戦車が左後方に死角を抱えていることを探り当てた。加えて、ドイツ軍の対戦車砲に比べると、KV-1

ドイツ軍対戦車砲用の砲弾（1941～43年）

東部戦線での対決が始まってから2年もしないうちに、対戦車砲の砲弾は重量0.68kgほどの37㎜徹甲弾から、10.4kgの88㎜徹甲弾まで大型化した。ここにリスト化したのは1941年から1943年にかけて東部戦線で使用された、鹵獲兵器用の砲弾も含む対戦車砲用砲弾の一部である。

口径	砲弾名	弾体重量	初速	貫通力（mm）				
				100m	500m	1000m	1500m	2000m
37mm	PzGrAP(**1**)	0.68kg	762m/s	50	36	22	-	-
	PzGr 40APCR*(**2**)	0.35kg	1030m/s	68	40	-	-	-
	Stielgranate 41HEAT(**3**)	8.6kg	110m/s	180	180	-	-	-
42mm	PzGr 41*(**4**)	.336kg	1265m/s	90	72	53	-	-
47mm	PzGr 39(**5**)				47			
	PzGr 40(**6**)				58			
50mm	PzGr 39(**7**)	2.25kg	823m/s	68	60	48	35	-
	PzGr 40*(**8**)	0.85kg	1198m/s	116**†	80	55	-	-
75mm PaK 40	PzGr 39(**9**)	6.8kg	792m/s	120**	104**	89	76	-
	PzGr 40APCR*(**10**)	3.2kg	990m/s	135**†	115**†	96	80	-
75mm PaK 40, PaK 97/38, PaK 36(r)	Gr 38Hl/B HEAT(**11**)	4.57kg	450m/s	75	75	75	-	-
75mm PaK 41	PzGr 41HK*(**12**)	2.59kg	1125m/s	183**†	171**†	145**†	122**†	102
76.2mm PaK 36(r)	PzGr 39(**13**)	7.54kg	740m/s	106	98	88	79	71
	PzGr 40*(**14**)	4.0kg	990m/s	145**†	118**†	92	71	55
88mm PaK 43	PzGr 39	10.4kg	1000m/s	202**	182**	167**	153**	139**
	PzGr40*	7.3kg	1130m/s	237**†	226**†	192**†	162**†	136**†
	Gr 39Hl HEAT	7.65kg	880m/s	90	90	90	-	-

*　タングステン弾芯弾。
**　KV-1重戦車の正面装甲を貫通可能（厚さ100〜110mm、60〜75°の傾斜装甲）。
†　タングステン＝カーバイド弾を使用した場合。

は発射速度で大きく劣っていた。KV-1が1分あたり4〜8発を発射する間に、ほとんどの対戦車砲は12発以上も放つことができたのである。以上のような比較から、巧妙に地形を活かして秘匿されている対戦車砲であれば、KV重戦車が対応するまでに数発の命中弾を先制して叩き込むことができたのである。

　一方、ドイツ軍側の視点に立てば、特に開戦当初から1942年前半にかけての時期に、戦車猟兵が深刻な火力不足に苦しんでいたことがわかる。通常、37mm対戦車砲1門あたりの割り当て弾薬数は250発で、そのうち硬芯徹甲弾PzGr40は30発に過ぎない。50mm PaK38の場合も総数220発に対してPzGr39が150発、PzGr40は40発である。こうして見るとKV重戦車に何らかの損害を期待できるのは、保有砲弾の15パーセントに過ぎないことがわかる。仮に25〜50mという極至近距離でKV重戦車の背後をとったとしても、標準的な徹甲弾であるPzGr39の場合は37〜50mmのいかなる口径でも深刻な損害は期待できない。もし戦車の駆動輪か車体下部の装甲の薄い部分に直撃すれば、あるいは動きを止められるかもと期待するのがせいぜいである。もちろんこれは敵重戦車の背後を取れたらという、かなり都合の良い仮定の話であり、歩兵の直衛がある場合にはほぼ不可能だ。もしタングステン弾芯弾のPzGr40を使用するのであれば、PaK38に限り多少の距離からでも胴体側面の貫通が可能となるので、状況はやや改善する。しかしバルバロッサ作戦時にはタングステン弾芯弾は支給されておらず、成形炸薬弾も戦車猟兵には割り当てられていなかった。

　発見された対戦車砲が相手であれば重戦車が優位である事実は動かないが、1942年2月に76.2mm PaK36(r)が登場すると、ドイツ軍戦車猟兵はやられてばかりの存在ではなくなる。さらに同年半ばまでに75mm PaK97/38とPaK40が相次いで導入されると、戦車猟兵の火力は大きく改善する。さらに同時期には成形炸薬弾の大量生産も軌道に乗り、戦車猟兵どころか歩兵でさえKV重戦車には危険な敵へと変化した。しかし成形炸薬弾の有効射程はせいぜい500mであり、撃破成功率もそれほど高くはないので、かなりの砲弾を消費することになる。常識的な交戦距離において、ドイツ軍の対戦車砲が通常の徹甲弾でKV-1重戦車を撃破できるようになったのは、1943年後半になってからの事である。

T-34中戦車を側面20mという超至近距離から攻撃して撃破に成功した50mm PaK38の砲操作班。1941年の戦車猟兵が命がけの戦いを強いられていた様子をこれほど雄弁に物語る写真はないだろう。この戦術を成功させるために、砲班長は敵戦車が陣地内に侵入してくるのを敢えて見過ごさねばならないのだ。（著者所有）

機動性
MOBILITY

　1940年および'41年型のKV重戦車は、貧弱なトランスミッションと出力重量比の低さが主原因で、機動性の点では劣悪を極め、結果として戦場でのインパクトを小さくしていた。クラッチの入れにくさもKV重戦車の信頼性を大きく損ねていた。1941年11月7日のモスクワにおける軍事パレードでは、よりによってスターリンの目前で故障を起こしている。KV重戦車のトランスミッションは、平均すると約800kmの路上走行で故障する。この点では、1940年にコーシュキン技師自らが繰り返し路上走行試験を行なっていたT-34とはまったく比較にならない。KV重戦車は路上走行試験をほぼ省いた状態で制式化されたわけだが、故障を回避できても、今度は作戦半径が極めて短いという事実を、前線兵士たちは身を以て思い知るのである。戦闘時の前進速度はおおむね時速3〜4kmに過ぎず、デカブツの獲物と呼ぶほか無い状況だ。不整地での最高速度も時速16kmほどで、旋回性能も酷い。軟弱地ないし湿地帯での機動性となると最悪で、泥の中では大抵は身動きできなくなる。強力な対戦車兵器に攻撃されたわけでもないのに、KV重戦車は簡単に動きを止めてしまうのだ。このように初期生産型のKV重戦車は、本来期待されていた突破戦車としての役割をこなすには機動性に問題を抱えすぎていた。退却局面ではKV重戦車はさらなる試練に直面する。実際、機動性の問題で無数のKV重戦車が失われるか、遺棄されているからだ（通過可能な橋が少なかったり、起伏の激しい地形に足を取られたのである）。問題解決のために1942年にKV-1Sの開発が始まると、機動性を回復した重戦車による突破戦闘がいよいよ可能になるとの期待を集めたが、今度はドイツ軍戦車猟兵の火力向上が新たな敵として立ちはだかることとなる。

　1941年時点での戦車猟兵は、自走砲化こそほとんど進んでいなかったものの、扱う兵器のサイズが小さいこともあり、戦術、作戦の両面で良好な機動性を保っていた。しかし開戦から半年で多くの牽引車両を喪失し、馬匹牽引での代用を強いられると、師団直轄の対戦車砲大隊の機動力は格段に低下した。そして1942年を通じては、小型の牽引式対戦車砲から自走砲への移行が進む。75mm PaK40のような大口径対戦車砲は最前線で運用するには重量、サイズとも過大であり、優れた貫通力を誇ったにもかか

泥濘に足を取られ、遺棄されたKV-2重戦車。KV重戦車の操縦経験がある操縦手はまれで、旧型の軽戦車を動かしているだけでも立派なものというのが、1941年6月のソ連軍戦車兵の実態であり、彼らにとってKV-2は荷が重すぎた。結果として、不整地に自ら突っ込んでは遺棄されるKV重戦車が続出することになった。（イアン・バーター）

わらず、1942年から'43年にかけての戦いで多数が失われた。結果として、1943年後半からのドイツ軍の対戦車戦闘は、重対戦車砲を搭載した自走砲で構成された小部隊に依存するようになる。こうして対戦車自走砲部隊は終戦まで戦場の火消し役として休む間もなく駆け回ることになった。

防御力
PROTECTION

　1941年の段階で、KV-1ほど防御力に優れた戦車は世界のどこにも存在していなかった。東部戦線で戦争が始まってから7ヵ月の間、ドイツ軍の対戦車兵器はKV-1に対してまったく無力であったのだ。弱点を挙げるとすれば砲塔リングであろうか。さすがに大口径弾の直撃を受けると、ひずみで旋回できなくなってしまったからだ。ペリスコープも直撃弾で壊れやすく、視認能力が大幅に低下してしまうため、深刻な弱点のひとつであった。しかし時間の経過と共に戦車猟兵の火力が強化されると、KV-1の重装甲による優位が崩れ、追加装甲を装着しても損害の増加に歯止めがかからなくなる。KV-1Sの投入は、装甲偏重の防御思想を見直し、機動性によってKV重戦車の優位を取り戻そうとする試みであったが、1942年後半に強化が進んだドイツ軍対戦車兵器の前に大出血を見せる結果となってしまった。

　一方、独ソ開戦時の戦車猟兵は、装甲の厚さではなく、低いシルエットと地形を活かした被視認性の低さに活路を見出していた。もしKV-1に発見されてしまえば、対戦車砲、戦車猟兵どちらにも生き残るチャンスはほとんど無い。1942年以降、対戦車砲は大型化が加速して隠匿配置が難しくなる。対戦車自走砲は戦車と外見こそ似ているものの、装甲防御力はほとんどない。隠匿配置により得られた防御性が低下するにつれて、戦車猟兵部隊は前線を離れてずっと後方に配置されるようになる。敵砲兵の攻撃による損害を防ぐためだ。1941年から'43年にかけての時期、戦車猟兵の武器はどれをとっても榴弾や機関銃の攻撃には脆かった。防盾は砲弾の破片や小銃弾をはじく程度の存在でしか無く、砲操作員は真上や背後からの攻撃には無防備同然であったのだ。

近距離までKV重戦車を引きつけるのに成功しても、対戦車砲が確実に貫通弾を叩き込める保証はない。写真ではKV-1の砲塔側面に50mm PaK38の徹甲弾が命中しているが、ボルト止めの30mm増加装甲鈑も貫通できていない。ただし増加装甲鈑はひび割れて変形している。（著者所有）

1942年8月、ドン川屈曲部のステップ地帯における戦闘で破壊されたKV-1重戦車。20ヵ所以上の命中が認められるが、貫通弾は砲塔の1ヵ所のみである。（Bundesarchiv, Bild 169-0441）

戦車兵と戦車猟兵
The Combatants

ソ連軍の戦車兵
THE SOVIETS

　1935年、ソ連軍は最初の重戦車部隊として第5重戦車連隊を編成した。T-35多砲塔戦車の数が揃うのにともなって、この部隊は旅団規模まで拡大し、1939年には3個大隊に訓練大隊まで加えた大部隊へと成長した。1940年にKV-1が制式化されると、サラトフとオリョールにそれぞれ訓練部隊が創隊され、同時にキーロフスキー工場内にも操縦手や整備兵向けの技術訓練過程が設置されている。戦争に先だち、ソ連軍は18個の戦車師団に重戦車大隊を2個ずつ追加するという構想の下に、重戦車大隊36個の創隊を要求した。各重戦車大隊には31両のKV重戦車が割り当てられる。5000両のKV重戦車に充当するだけの戦車兵を訓練する計画でいたが、新兵を片端から訓練過程に投入していたにもかかわらず、1941年6月の段階では約600両分の兵員が訓練過程に入っているに過ぎなかった。重戦車大隊の数は17個に留まり、戦闘準備ができている部隊となるとひとつもなかった。KV重戦車の無用な損耗を避け、前線配備のペースを遅らせないために、ソ連軍上層部は訓練部隊に対して時代遅れのT-27軽戦車を使用するように命じていた。結果として、独ソ開戦時にはKV重戦車の操縦手と言っても、ほとんどは3～5時間程度しか訓練車両の操作経験が無く、KV-1の経験となれば、動かしたことがあるという操縦手の方がむしろ珍しい有様であった。地図の読み方がわからない下士官が発するデタラメな命令で沼地に突っ込む小隊が続出し、多くの車両が戦う前に失われた。西部特別軍管区の重戦車大隊では兵員充足率こそ高かったが、それでも士官、下士官は25～50パーセントほど不足していたのである。

　KV重戦車兵の大半は徴集兵であったものの、愛国心が大いに高まっていた開戦当初は、重戦車部隊に志願兵が殺到した。ソ連軍では高等学校程度の教育を受けている志願兵を優先して自動車化部隊の訓練過程に送り込み、重戦車の運用に必要な知識を学ばせようとした。戦前ではおよそ一年間の訓練過程を終えると、士官になる資格が得られた。下士官に割り当てられる訓練は、その半分ほどであった。新兵の意欲や戦意にはかなりばらつきがあり、特に大粛清の傷が忠誠心に悪影響を及ぼしていた。KV重戦車の訓練を受けたアルセニィ・ロドキンは、伯父が大粛清で逮捕されて獄死したことが、戦争を通じて彼の意識を苛んでいたと説明したうえで、「クレムリンのポンクラはどうであれ、祖国は永遠なんだ……俺は祖国を守るために戦ったのであって、ソヴィエトを守るためではない」と言葉を詰まらせながら、心情を吐露してくれた。

　ドイツ軍の侵攻が始まると、KV重戦車の生産計画、戦車兵の訓練と育

成はともに大混乱に陥った。1941年10月にキーロフスキー工場がチェリャビンスクに疎開するのにあわせて、訓練機関も移設された。戦車兵訓練連隊がチェリャビンスクに設置されたが、1942年3月になるまで同部隊にはKV亘戦車2両のほか、数両の雑多な戦車が置かれているだけであった。代用車両での訓練は日常茶飯事であり、酷いときには徒歩訓練で間に合わせになることさえあった。士官の訓練期間も8ヵ月に、下士官は3ヵ月にそれぞれ短縮された。ドイツ軍のやり方とは違って、訓練期間を通じて訓練兵の組み合わせは固定されず、前線部隊に配属されてようやく戦友と呼ぶべき仲間と出会うのである。ソ連戦車兵の大半は、ほとんどの訓練がまったく現実味を欠いていて、戦闘への備えにはならなかったと回想している。砲術訓練では使用されるのはもっぱら内膛銃で、これを主砲射撃訓練の代用としたのである。主たる敵、すなわち埋伏した対戦車砲を想定した戦闘訓練は一切行なわれず、構築陣地をいかに攻略するかという座学に時間が割かれていた。KV重戦車の車長の大半は、上下に激しく振動する車内からの視認性がどれほど低いものなのか体験できず、また歩兵との協同作戦の実施方法を学ぶ機会も与えられなかったが、こうした不備が戦場での高い損耗を引き起こしている。操縦訓練も最小限に抑えられ、地形を巧みに使って移動を秘匿するといった初歩的な戦車の移動に関する訓練もなかった。不備だらけの訓練の一方で、代用弾を使った排莢および装填訓練のような無駄な努力に励み、共産主義教育に多大な時間を割くという本末転倒ぶりであったのだ。

　KV-1重戦車の搭乗員は5名で、車長、砲手、操縦手、副操縦手兼整備士、無線操作員で構成される。KV-2重戦車ではこれに152㎜榴弾砲の装填手が追加され、6人となっている。1941年型の重戦車大隊では、指揮車機能を果たすKV重戦車1両を加えた3個中隊編成で、各中隊は10両のKV重戦車を割り当てられていた。しかしドイツ軍侵攻時に定数に達していたのはわずか6個大隊に過ぎなかった。開戦から4週間での損害の大きさは、まさに崩壊状態と呼ぶほかない。1941年7月までに稼働しているKV重戦車は、すべてT-34との混成中隊にまとめられて各戦車大隊に吸収されてしまう。1941年12月には、戦車旅団に割り当てられるKV重戦車の数は、1個中隊にも満

弾薬積み込み作業中のKV-1戦車兵の様子。1942年撮影。戦争も2年目になるとソ連軍戦車兵の技量は格段に向上したので、誤操作や航法ミス、整備不良などで戦車が失われる事態はかなり減少した。（著者所有）

1943年夏、第2親衛戦車軍所属のいずれかの独立重戦車連隊に配属されたKV-1とその乗員を撮影した写真。独ソ開戦から3年目、KV-1戦車兵は精鋭と呼ぶにふさわしい技量を身につけていたが、肝心の乗車は戦術的な優位を完全に喪失していた。（RGKFD）

たない平均5両にまで落ち込んだ。1941年から翌年にかけて行なわれた最初の冬季反攻では、KV重戦車は独立戦車大隊に集められたが、その数は少なかった。1942年の中盤までにKVの生産台数が回復すると、まず軍レベルでの重戦車連隊の再編が始まった。残念なことに、この時の重戦車連隊は細切れにされて、別々の戦線に送られることが多かったので、重戦車の集団運用による敵陣地帯の突破という当初のコンセプトが戦場で試される機会はほとんど無かった。1941年から'43年にかけての時期、KV重戦車はもっぱら3〜4両からなる小隊レベルで運用され続けていたのである。

ドイツ軍の戦車猟兵
THE GERMANS

1935年にドイツ国防軍が発足した時点で、戦車猟兵は独立兵科として扱われた。創隊時から戦車猟兵はエリートと見なされ、最良の兵士が割り当てられたのである。第二次世界大戦勃発時、戦車猟兵は2万3000名ほどしかいなかったが、、1940年から翌年にかけて4倍の規模に拡大した。1941年6月にソ連侵攻が始まった時には、3個軍集団に計9万5000名の戦車猟兵が配置されていた。戦車猟兵部隊の大半はほぼ完全に定数を満たし、豊富な実戦経験を持つ古参兵にも充分に恵まれていた。

ドイツ軍の他の兵科と同様に、戦車猟兵も主に徴集兵であり、基本的には地元の軍管区で訓練を受けた。1939年9月には軍管区ごとにおよそ1つの割合、計15ヵ所に戦車猟兵訓練大隊があり、同軍管区の師団への戦車猟兵の供給源として機能していた。まず新兵は補充大隊にて12〜16週間の基礎訓練（スターリングラード戦以降は期間短縮された）を終えてから、歩兵としてかなり厳しい野戦訓練を受けた。戦車猟兵は歩兵との協同作戦が不可欠であるためだ。基礎的な訓練が終盤に差しかかると、新兵は経験豊富な下士官のもとで砲操作班にまとめられ、37㎜対戦車砲を使って実戦さながらの訓練を受ける。1940年3月にはI号対戦車自走砲の訓練中隊がヴュンスドルフの戦車学校内に設けられ、のちにはマーダー対戦車自走砲

武装親衛隊も自前の戦車猟兵部隊を編成している。写真は重要な交差点を守る37㎜対戦車砲と戦車猟兵。手近な素材を使って対戦車砲を擬装し、目立たなくする方法は、厳しい訓練の中で繰り返し叩き込まれる。もっとも写真のように路上の真ん中に砲を据えるような真似をしていれば、戦車猟兵の命はいくつあっても足りないだろう。
（イアン・バーター）

の訓練も行なわれるようになる。

　通常、牽引式対戦車砲の砲操作班を率いるのは下士官で、砲手が上等兵となるほか、装填手と弾薬手、牽引車の運転手1名で砲操作班が構成される。彼らはまず好条件下で発射速度の向上訓練を繰り返し、これが一定の水準に達したと見なされると、実弾発射訓練に移行する。移動目標と固定目標を使いながら、訓練兵には目標までの距離を迅速かつ正確に割り出す感覚を叩き込まれた。1941年6月以降になると、戦車猟兵は射撃訓練にKV-1やKV-2を含む実物のソ連製戦車を使った射撃訓練が可能となる。戦車猟兵の訓練過程では、地形の利用方法に力点が置かれる。自らを巧みに隠蔽しつつ、有効な射界を得るための判断力を養うのである。牽引式、自走砲の区別はなく、実戦場において敵戦車に先に命中弾を与えるのを第一の目的とすることが、訓練の狙いあった。37㎜ないし50㎜の標準的な対戦車砲を用いる場合、戦車猟兵は射程600m以上の攻撃訓練を受けることはない。この距離になるとほとんどの戦車に有効弾は期待できないのだ。代わりに戦車猟兵の訓練では、巧みな擬装を施した砲座にじっと構え、気付かずに接近する敵戦車をやり過ごしつつ、弱点である側面や背面に徹甲弾を叩き込むという訓練を軸としていた。1940年のフランス戦役において、この戦術はフランス軍重戦車ルノー B1bisに有効であることが実証されていたのである。

　訓練課程の修了後、戦車猟兵のひよっこは前線での需要に応じて、軍、師団、連隊など各レベルの戦車猟兵部隊に配属される。歩兵師団と戦車師団はそれぞれ定数約700名の戦車猟兵大隊を編制に加えている。大隊は、司令部、3個戦車猟兵中隊、対空砲中隊（20㎜高射機関砲を12門装備）、補給段列などで構成される。バルバロッサ作戦発動時点では、戦車猟兵大

射程内に入ってきた敵戦車を攻撃する75㎜ PaK40の砲操作員。ドイツ軍の訓練内容は、通例、厳しくて実戦向きと見なされている。しかし写真の装填手は棒立ちであるし、砲班長も牽引具に腰掛けているあたりの様子から、撮影用のポーズだと思われる。
（イアン・バーター）

実戦形式で訓練中の50mm PaK38の砲操作員。照準手が防盾の背後に隠れている姿に緊張感がみなぎっている。シルエットが低いPaK38を発見するのは、KV-1重戦車の車長には極めて困難であった。（イアン・バーター）

隊は約110両の車両割り当てにより完全自動車化されていたが、標準装備の普及度合いは低く、イギリスやフランス軍からの鹵獲車両が多数を占めていた。これらはロシアの苛酷な環境に晒されてすぐに使い物にならなくなった。例えば第6軍麾下、第437歩兵連隊第14中隊では、対戦車砲の牽引車として10両のフランス製ルノーUE軌道車を装備していたが、バルバロッサ作戦からわずか3ヵ月で8両が故障した。1942年までには馬匹牽引が多くの部隊で復活した。1941年の標準的な戦車猟兵中隊は、各々が3門の37mm PaK36を装備した小隊3個と、50mm PaK40装備の小隊1個で構成されていた。戦車猟兵中隊の定数は159名、装備車両は34両であり、クルップ・プロッツが標準的な車両とされていた。戦車猟兵大隊の役割は、戦術的に説明するならば「火消し役」であり、通常の歩兵連隊には荷が重い敵戦車部隊の出現時などに、主に中隊単位のなかば独立部隊として投入されるのである。連隊レベルで見た場合、戦車猟兵中隊は対戦車防衛線の第一線を形成する存在である。この部隊規模においては、37mm PaK36がもっぱら使用されたが、師団直轄の対戦車部隊では装備の刷新が早く、常に優れた対戦車砲を運用できた。

対戦車自走砲はすべて軍直轄の戦車猟兵大隊に集中的に配備される。この戦車猟兵大隊は、3個中隊、計27両の自走砲を中核装備とする。兵員は基本的に牽引砲装備の戦車猟兵と同じ訓練を受けているが、車両操作用の専門訓練が追加されている。対戦車自走砲はシルエットが大きいために、巧みな擬装によって敵戦車をやり過ごしたのちに側面から奇襲攻撃をするという、戦車猟兵流の戦闘を展開できない。また装甲が紙も同然なので、防御力に優れた敵戦車との遭遇戦では、機動力を活かした「一撃離脱」戦術を駆使しなければ生き残れない。

バルバロッサ作戦の発動時点で、約三分の一の戦車猟兵は、主にフランス戦で実戦経験を積んでいた。戦意に欠けていたり、戦車猟兵の任務が本質的には防御的なものであるという現実を理解し切れていない下士官や小隊長もいたが、小部隊における指揮統制レベルの高さは文句の付けようが無かった。開戦時の士気は極めて旺盛であったが、KV-1やT-34に遭遇すると、37mmおよび50mm対戦車砲への信頼が打ち砕かれた。敵重戦車に対して兵器性能が決定的に劣るという戦車猟兵の思いは、1942年中盤以降に75mm PaK40の配備が始まるまで、決して消えることはなかったのである。

戦闘開始
Combat

> 我々ドイツ兵は誰も、敵がこんな重戦車（KV-1）を造っていた事実など想像さえしなかった。
>
> 　　1941年6月、第6戦車師団参謀、ヨアキム・フォン・キールマンゼック

国境の戦い　1941年6〜7月
BORDER BATTLES, JUNE - JULY 1941

　1941年6月22日の時点で、バルト地方に侵攻するドイツ北方軍集団に対峙するソ連北西方面軍には2個機械化軍団が加えられていたが、KV系重戦車を装備しているのは第2戦車師団の2個大隊だけであった。6月22日の1730時、第2戦車師団にはラシェイニャイに向かって西進、ドイツ軍先鋒の第1機甲集団に対する大規模な反撃に加わるよう命令が降された。埃まみれの間道を100㎞も前進したあとで、23日午後に師団はラシェイニャイに到達した。しかし悪路を長駆行軍したことによりKV重戦車のエアフィルターは酷い目詰まりを起こし、ほとんどのKV-2と10両あまりのKV-1が落伍している。対するドイツ第6戦車師団はラシェイニャイを占領すると、ラウス、ゼッケンドルフ両戦闘団をともなってドゥビーサ川に橋頭堡を確保していた。第2戦車師団は稼働戦車をかき集めてゼッケンドルフ戦闘団に襲いかかったが、この中には21両のKV-1と若干数のKV-2の姿があった。

　ソ連軍の反撃は24日の払暁に始まった。ゼッケンドルフ戦闘団は橋頭堡内に第6自動車化狙撃大隊と第41戦車猟兵大隊第2中隊（37㎜対戦車砲と50㎜対戦車砲）を配置していた。敵戦車が近づいてくる様子に戦車猟兵たちはしばし呆然としていたが、戦車が200mの距離に近づくまでは砲門を開かなかった。しかし徹甲弾がKV重戦車の装甲に歯が立たず、ほとんど無傷のままはじき返されてしまうことがわかると、彼らは心底からショックを受けた。野砲まで対戦車戦闘に投入したというのに、KV重戦車はドイツ軍オートバイ兵が据えた対戦車砲陣地までも蹂躙してしまったのだ。第二次世界大戦において、これはドイツ軍歩兵が初めて敵戦車に蹂躙

事前に予測していたとおり、戦車猟兵にとって一握りのT-35重戦車を始末するのは実に容易い仕事であったが、そもそも大半のT-35は接敵する前に故障で使い物にならなくなっていた。（著者所有）

ラシェイニャイの戦い　1941年6月24日

この日の朝、ソ連軍第2戦車師団がドゥビーサ川に設けられたゼッケンドルフ戦闘団の橋頭堡を急襲した。攻撃の先鋒は第4戦車連隊のBT戦車やT-26などの軽戦車群であり、これに第3戦車連隊のKV-1とKV-2が続いた（①）。0900時までにドイツ軍は蹂躙され、川を渡って後退した。1200時前後にソ連軍戦車の一部と歩兵部隊が川を渡り、まだ混乱から立ち直っていないゼッケンドルフ戦闘団の残余部隊と遭遇戦となった（②）。3両のKV重戦車を含むソ連の小規模な戦車部隊が無警戒になっていた渡河点からドゥビーサ川を渡ると、をのままラシェイニャイに向けて進撃を開始した。しかし2両のKV重戦車がドイツ軍重砲による直接攻撃で擱座してしまう（③）。コール戦闘団を迂回した1両のKV-2がラウス戦闘団の補給路まで到達したところで、燃料切れで動きを止めた（④）。ラウス戦闘団は、このKV-2を無力化するために50mm PaKと戦闘工兵を投入したが、破壊できなかった（⑤）。夕方までに2門の88mm高射砲が到着し（⑥）、翌朝になってKV-2の姿を確認した。

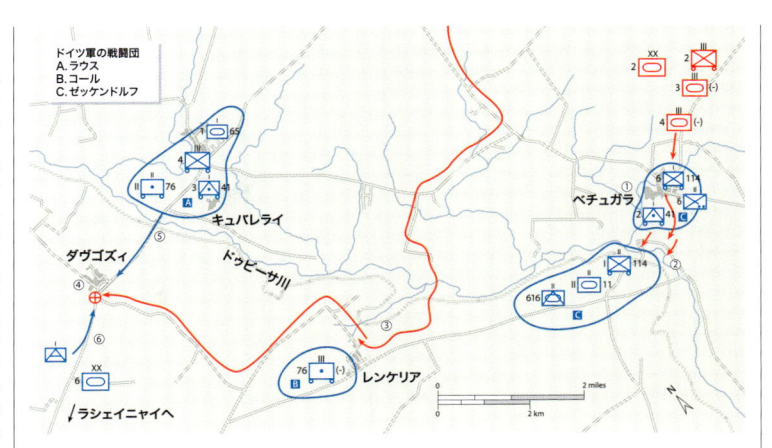

された瞬間であった。ただ一人、勇敢な少尉がテイルルミーネ（皿形地雷）でKV-1を擱座させただけで、生き残ったドイツ兵は恐慌状態のまま身を隠すことしかできなかった。さらに悪いことにKV重戦車群の一部が歩兵をともなってドゥビーサ川を渡り、第114狙撃兵連隊に突入して、師団砲兵の一部までをも蹂躙してしまったのである。ドミトリィ・オサドキィ少佐が率いるKV-1戦車1個小隊は次のような戦い振りを見せた。

戦車4両からなる（第1小隊の）隊列が戦闘地域に向かっていく。目前の木立に警戒しながら、我々は敵の火砲陣地に接近する。そして側面から突撃して機関銃を浴びせると、敵砲兵はたちまちパニックに陥った。ところが敵砲兵を4門ほど潰したところで、予期せぬ事が起こった。私の戦車が砲の残骸に乗り上げたまま動けなくなってしまったのだ。操縦手のアンドレィ・ヤスニュク軍曹は必死で車体を揺さぶり、どうにか動きを取り戻した。そして砲を押しつぶしながら、履帯がようやく固い地面を捕らえたのである。敵砲兵陣地を破壊してしまうと、隊列を整えて攻撃開始地点まで引き返した。

ゼッケドルフ戦闘団をひとわたり蹂躙したKV-1戦車に対して、ドイツ軍は150mm野砲と88mm高射砲を投入し、短時間でソ連軍重戦車にとどめを刺したものの、動きを止めるまでに8発もの88mm高射砲弾を必要としたKV-1戦車もあった。第3戦車連隊長のイワン・ラゴシー少佐はKV-1の砲塔側面に命中した重砲弾で戦死した。貫通弾にはならなくても、車内に危険な破片をまき散らすことはある。夕方になるまでにはソ連軍戦車はあらかた燃料と弾薬を使い果たし、ドゥビーサ川を戻っていく余力しかなかった。ただ1両のKV-2がドイツ軍砲兵陣地を迂回してラシェイニャイに向かい、ラウス戦闘団の背後に進出したところで燃料を使い果たした。

ウラディミール・A・スミルノフ少尉が車長を務めていたKV-2に対するラウス戦闘団の苦闘についてはとても良く知られている。このKV-2を無力化する試みは、6月24日1200時から繰り返し行なわれ、丸一日かけてどうにか沈黙させるまでの間、戦闘団の補給線はずっと阻害されたままであった。戦いの内容は次の通りだ。まず第41戦車猟兵大隊第3中隊のヴェンゲンロート少尉の50mm PaK38装備の1個小隊が、停止したKV-2の200〜

KV重戦車の蹂躙攻撃で文字通り踏みつぶされた37mm PaK36の姿。それまで敵戦車に蹂躙された経験があるドイツ兵はほとんどいなく、履帯に踏み砕かれる対戦車砲を見た者は深い恐怖に襲われた。スターリンが期待していたように、重戦車には敵の戦意をくじく力があったのだ。（著者所有）

400mの距離まで迫りながら巧みに展開して、砲塔と車体に8発命中させた。少尉の部下は硬芯徹甲弾PzGr40を使用したが、ほぼ効果はなかった。お返しとばかりにKV-2は152㎜榴弾を正確に撃ち返し、PaK38を2門撃破、さらに2門を使用不能にした。新装備である50㎜対戦車砲が子ども扱いされている事実に、戦車猟兵は驚きを隠せなかった。ラウス戦闘団は88㎜高射砲を持ち込もうとしたが、適切な火点に据える前にKV-2の砲手に見つけられて、同じように破壊されてしまう。結局、翌日に別の88㎜高射砲が投入されてようやくKV-2は沈黙した。後方800mの距離から、撃破するまでに7発もの徹甲弾を使ってようやく撃破したのだ。この時点で戦局は大きく動き、第XXXXI自動車化軍団のドイツ第1戦車師団は迂回行動をとり、サウコタス近郊でソ連第2戦車師団の側面をとらえて、敵機甲部隊を効果的に包囲しつつあった。6月25日には、KV重戦車の生き残りが第1狙撃兵連隊／第Ⅱ大隊の包囲網の突破を図った。ヴェストハーフェン戦闘団はこの時の激戦の様子を「歩兵部隊の対戦車砲も、戦車猟兵小隊の5門の50㎜対戦車砲も……ロシア軍戦車の装甲に歯が立たない。このロシア戦車を止める手立てをどうすればいいのか?」と報告している。

　ドイツ第1戦車師団はふたたび数門の88㎜高射砲と105㎜榴弾砲を投入し、どうにか数両のKV重戦車の動きを止めた。ラシェイニャイの戦いはソ連第2戦車師団に対する包囲戦で終わり、北西方面軍はKV重戦車29両を喪失して敗退した。しかし戦車猟兵は敵戦車の阻止という主任務に失敗し、友軍歩兵と砲兵への蹂躙を許す失態を演じた。それだけでは済まず、多数のソ連軍戦車兵が戦闘に生き残り、北方へと逃げてしまったのだ。彼らはすぐに新車を受け取り、また戦場へと戻って来るだろう。6月27日、OKHは北方軍集団に視察団を派遣して、KV-1との戦闘記録を精査した結果をベルリンに持ち帰った。これを受けて、陸軍兵器局はクルップ社とラインメタル社に75㎜対戦車砲を即時発注したのである。

　西部方面軍は112両のKV重戦車をブリヤンスクの第6機械化軍団に属する2個師団、つまり第4と第7戦車師団に集中配備していた。しかしKV重戦車を装備した戦車大隊は、深刻な燃料と弾薬の欠乏に悩まされていた。燃料はタンクに入っている分だけで予備が無く、76.2㎜砲弾がない戦車がむしろ多数を占めていたのだ。にもか

KV-2との遭遇は、第二次世界大戦を通じてドイツ軍が経験した技術的衝撃事件のひとつに挙げられる。軍事技術では劣るものと見なしていた赤軍が、ドイツ軍の現行の対戦車砲ではまったく歯が立たない重戦車を実用化していたことに、ドイツ軍関係者は深いショックを受けたのである。（イアン・バーター）

3発の88mm徹甲弾により撃破されたKV-1重戦車の様子。砲塔への命中弾が貫通して車内の弾薬を誘爆させた結果、砲塔上面がめくれあがっている。88mm高射砲Flak18はKV-1を容易に撃破できたが、巨大で重すぎるために、前線でKV重戦車と戦うような用途には向いていなかった。(著者所有)。

かわらず、ドイツ軍の侵攻が始まると、第6機械化軍団は戦車戦力を集結して、グロドノのドイツ軍に反撃を加えるように命じられている。だが140kmもの行軍により限られた燃料を消費した代償は、10両を軽く越えるKV-1戦車の足回りの故障というさんざんなものであった。それでも6月24日から25日にかけて第6機械化軍団は敵第256歩兵師団を攻撃し、稼働KV重戦車も戦闘に参加している。この時のドイツ軍の戦闘報告には第256戦車猟兵大隊とKV-2戦車の戦闘の様子が残されている。

地平線から砲身が突き出し、背の高い砲塔が見えたかと思うと、間もなく戦車の巨体が姿をあらわした！　こんな巨大な戦車を見たことがある兵士などいない。重量52トン、15cm砲を持つロシアの化け物だ！　あらがいようのない恐怖が我が軍の将兵を直撃する。やがて友軍の対戦車砲が向きを変えて一斉に攻撃を加えるが、徹甲弾はいともたやすく跳ね返されてしまう。まるで分厚い鋼鉄の壁にゴムボールをぶつけたようなものだ……戦車猟兵は半ば蛮勇をふるって戦った。彼らは遂に学んだ。近距離まで迫り、冷静に、もっとも装甲の薄い場所を狙うしかないことを。

KV重戦車群はかなりの数の対戦車砲を破壊したが、満足な突破はなし遂げられなかった。燃料と弾薬の欠乏の故だ。最終的にはこれが原因となって西部方面軍のKV重戦車は開戦1週間ですべて失われた。6月30日にスタフカはキーロフスキー工場から新造のKV重戦車44両を西部方面軍に送り、第7機械化軍団を増強した上で反撃を命じた。しかし鉄道末端から集結地に向かう途中、5kmも行かないうちに、不慣れな操縦手によって7両のKV重戦車がクラッチの故障を起こしている。7月7日にポロツク近郊で第7機械化軍団が反撃に出ると、7両が沼地で失われ、2週間もしないうちに1両のKV-2を残して全損した。このソ連軍の反撃は大失敗に終わり、西部方面軍はほぼすべてのKV重戦車を失った。

　ドイツ軍がKV重戦車の最大の脅威に直面したのは、南部においてのことだ。第4、第8、第15、第22の4個機械化軍団が配備されたキエフ特別軍管区は、260両超のKV重戦車を保有していた。しかし、6月23日から28日

ルドルフ・ビットナー（1921 〜 '45）

　ルドルフ・ビットナーは、1921年にベルリン北部のザクセンハウゼンにて配管工の息子として生を受けた。国家労働奉仕団（RAD）でのつましい生活を終えて17歳になったビットナーは、1939年8月末に国防軍に入り、ポツダムの第3対戦車兵訓練大隊で訓練を受けた。1939年のクリスマスには第561戦車猟兵大隊／第2中隊に配属された。37mm PaK36を装備した軍直轄の戦車猟兵大隊である。1940年の西方戦役では、ビットナーはマジノ線攻略任務に投入されたものの、フランス軍戦車を相手に戦う経験はできなかった。

　フランス戦役の終了後、ビットナーは上等兵に昇進し、第2中隊の対戦車砲砲手となった。同じ時期、大隊は47mm対戦車砲を搭載したI号対戦車自走砲の配備を受けた。バルバロッサ作戦の緒戦で、ビットナーの部隊は第9軍の支援部隊となり、彼自身初めてとなる対戦車戦闘を経験した。1941年の冬期にはルジェフ突出部にて苛酷な防御戦に生き残った。1942年5月に彼の大隊は12門の75mm PaK40の配備を受け、ビットナーはその砲手に抜擢された。8月初旬にソ連軍の西部方面軍がルジェフ突出部に大規模攻勢に出ると、これに対応するため、ビットナーの所属中隊はズブツォフという町の防衛を命じられた。ジューコフが指揮した攻勢は第6、第8戦車軍団の戦車300両を中核とした大部隊によるもので、このうち48両がKV-1重戦車であった。ズブツォフへの攻撃は8月6日に始まった。この戦いで、地球上で

75mm PaK40を搭載したマーダーIIは、1942年から43年にかけての冬期において最良の対戦車自走砲である。1942年末までに約300両が生産され、多数のKV-1重戦車を葬った。（イアン・バーター）

最も優れた対戦車砲を与えられた一人であるビットナーは、タングステン弾芯弾を使って7両のKV-1戦車を撃破した。最終的にズブツォフは陥落したものの、都合3日間の戦いでドイツ戦車猟兵は、攻撃に参加したソ連戦車の半数を撃破することができた。以降もルジェフ突出部に対するソ連軍の攻撃は執拗に続き、9月9日には5両のKV-1重戦車を含む部隊が別方面から襲ってきた。ビットナーは独断で対戦車砲の位置を変更すると、敵重戦車を伏撃して4両を撃破、1両を大破させた。卓越した武勇によりビットナーは騎士十字章を授与され、1942年11月には伍長に昇進した。

　やがてタングステン弾芯弾の使用は禁じられたが、1943年の半ばにビットナーの部隊にはマーダーII対戦車自走砲が配備された。ビットナーは小隊長に任じられ、ソ連軍の西進をくい止めるべく、2年の間、休みなく東部戦線を駆け回った。そして1945年1月、上シュレジェンに向けての部隊後退中に、ビットナーは行方不明となってしまったのである。

ルドルフ・ビットナー（1921 〜 '45）（著者所有）

パヴェル・グッツ（1919～2008）

パヴェル・グッツはウクライナのカーメネツ＝ポドルスキーにほど近い農村に、小作人の息子として誕生した。父親を若くして亡くす不幸に見舞われたものの、パヴェルは才能が認められて高等学校を卒業できただけでなく、技術大学に進学することができた。彼は共産党に入党したのち、赤軍に志願した。

1939年8月、20歳になったパヴェルはサラトフ重戦車学校に入学して、T-35、KV-1と乗り継ぎ、合計22ヵ月の訓練を受けた。1941年6月初旬に重戦車学校を修了すると、キエフ軍管区に配属になり、第4機械化軍団／第63戦車連隊／第1大隊で戦車小隊長に任じられた。この戦区のソ連軍はデュブノで大敗してKV重戦車もほとんどを喪失していたが、パヴェルの大隊はこの戦闘には参加せず、幸運にも生き残ることができた。7月にはキエフ南方で敵突破を防ぐ遅延作戦に投入されたものの、今回もまたキエフ包囲を免れることができた。彼の所属大隊は8月に解隊され、パヴェルは生き残りの戦車兵と共にモスクワに送られて、新たな重戦車部隊の要員となった。少尉となったパヴェルは第89独立戦車大隊に配属されると、11月7日の軍事パレードに参加し、そのままヴォロコラムスク付近に部署していたロコソフスキー将軍の第16軍に増援として送り込まれた。第89独立戦車大隊はモスクワを目指すドイツ軍の前進を阻止する上で重要な役割を果たしたものの、1ヵ月におよぶ戦いで、KV-1重戦車は2両だけを残してすべて破壊されてしまった。

12月5日に赤軍の冬季反攻が始まると、パヴェルは2両の稼働重戦車のうち1両を指揮して、ドイツ軍が保持していた村を奪取すべく単独攻撃に出た。3時間ほどの戦闘でパヴェルのKV-1は29発もの命中弾を喰らったものの、貫通損害はひとつもなく、逆に4門の対戦車砲を撃破した。この戦果が認められて、パヴェルはレーニン勲章を授与されると同時に大尉に昇進し、第89独立戦車大隊の副大隊長に任命された。続く半年間、パヴェルはヴィヤジマ周辺で敵対戦車砲陣地を相手に、繰り返し攻撃を実施した。

1942年7月、パヴェル大尉はドン方面軍所属の第212戦車旅団／第574戦車大隊の大隊長に任命された。11月には少佐に昇進し、ウラヌス作戦では第8親衛重戦車連隊を指揮している。しかし続くスターリングラード包囲戦の最中に負傷して、前線を離れることになった。復帰したのは1943年5月で、この時には第5親衛重戦車連隊の副連隊長に任命された。クルスク戦終了後のウクライナ戦線において、パヴェルは中佐に昇進したが、ザポロジェ近郊で乗車していた戦車が撃破された際に片腕を失ってしまった。パヴェルは1944年4月に連隊に復帰したが、この時期、連隊はIS-1（IS-85）重戦車に装備更新中であった。前線勤務による体調悪化が明らかになると、パヴェルにはモスクワの機甲軍軍事大学のスタッフとして後方勤務が命じられた。戦後、パヴェルは機甲軍軍事大学で40年以上も奉職して、成功者となった。彼は科学分野で学位を取得すると、戦後のソ連軍における機甲戦ドクトリンの確立に情熱を傾けると同時に、BMP装甲兵員輸送車の開発にも関与した。また核兵器開発の専門家として、赤軍初となる1954年の地上水爆実験にも携わっている。50年以上の軍務ののち、1989年に引退した時には機甲軍中将にまで昇進しており、科学者としても栄誉を賜っていた。2008年5月にパヴェル・グッヅはモスクワにて死去した。

パヴェル・グッツ（1919～2008）（著者所有）

砲塔が吹き飛ぶほどの大爆発を起こしたKV-1重戦車を検分するドイツ兵の様子。1941年の戦いでドイツ軍がKV重戦車をこのように撃破できるケースは少ないことから、写真はおそらく燃料切れで動けなくなった車両を乗員自らが破壊処分したものだろう。（イアン・バーター）

にかけてブロディー〜デュブノ間でドイツ第1機甲集団に対して発動した反撃で、これらのソ連戦車軍団はほぼ初めてとなる集中運用を試みたにもかかわらず、未熟な指揮により細切れ戦力の小競り合いに陥ってしまった。かなりの数のKV重戦車がトランスミッションやブレーキなど足回りの故障で失われ、乗員が地図を読み間違えてデュブノ周辺の沼地に突っ込み、身動きとれなくなる事態も頻発した。結果として26日にブロディ北方でドイツ第1機甲集団への攻撃に参加できたKV重戦車は第8、第15機械化軍団の120両ほどに過ぎなかった。この攻撃で、第24戦車連隊第1大隊はレシュネフ付近で戦車猟兵を含む第57歩兵師団を蹂躙するなど、顕著な働きを見せている。あるKV重戦車は、37mmと50mm徹甲弾を100発以上食らっていたが、貫通弾は一つも無かったと報告されている。第8機械化軍団長のリャビシェフ将軍と、第1戦車師団長のミシャーニン将軍はこの攻撃に際してKV重戦車を指揮車として使用したが、KV重戦車は集中砲火の対象となりやすく、指揮車としての用途には不向きであることが判明した。ブロディ市街での空襲により、ミシャーニンは重傷を負っている。24時間のうちにソ連軍はかなりの前進をなし遂げ、第11、第16の両ドイツ軍戦車師団を包囲に追い込んだ旨を報告した。ドイツ軍側では戦車猟兵の失敗が明らかになると、88mm高射砲と重榴弾砲が投入されたが、これらの武器が必ずしもKV重戦車の装甲を破れるわけではなかった。「敵の徹甲弾は我が戦車の装甲を破れこそしないものの、履帯を破壊し、砲塔を故障させることはできる。KV重戦車は強力無比だが、速度と機動性には欠けている」と、第19戦車連隊第1大隊長のジノヴィエフ・K・スリュサレンコ大尉は記録している。

　しかしながら、ドイツ軍第1機甲集団の対応も迅速かつ的確であった。第8機械化軍団の進路を第75歩兵師団で塞ぎ、時間を稼いでいる間に第16戦車師団をソ連軍突出部に差し向けたのだ。数日の戦闘でKV重戦車は燃料と弾薬を使い果たし、気が付けば包囲下に陥っていた。6月28日の午後までには第8機械化軍団の大半は包囲され、ソ連軍の反撃は失敗に終わっていた。ブロディの戦いが終結するまでに、第8、第15機械化軍団の120両のKV重戦車のうち稼働状態にあるのは20両だけであった。損害のうちドイツ軍の攻撃で撃破されたのは25パーセントほどであり、残りは機械的故障ないし燃料不足によって遺棄されたものである。KV重戦車用の予備修理部品は在庫がなかったので、些細な故障でも修理ができなかった。ブロディ、デュブノでの反撃が終わったのち、生き残ったKV重戦車は13両ばかりで、キエフ近郊の防衛戦に従事した。

1941年7月〜12月、レニングラード、モスクワに至る防衛戦
DEFENDING THE APPROACHES TO LENINGRAD AND MOSCOW, JULY - DECEMBER 1941

　戦車猟兵の能力を優に凌駕する高性能であったにもかかわらず、戦前から配備されていたKV重戦車群は開戦から6週間あまりで消滅した。戦線に残ったKV重戦車はわずかしかなく、レニングラードでは新部隊の編成が急がれていた。1941年7月から9月にかけて、キーロフスキー工場では414両のKV重戦車が製造されていたが、重戦車を喉から手が出るほど欲していた前線には細々とした補充しか届かなかった。それでもKV重戦車の生産はレニングラードに集中していたので、展開位置が比較的近い北西方面軍に対しては、7〜10両からなるかなりの数の独立戦車中隊が送り込まれている。北西方面軍は、KV-1戦車10両を含む250両あまりの戦車を集めて、7月5日にオストフにおける第XXXXI自動車化軍団に対する反撃に臨んだ。この攻撃で、1400時頃には第1戦車師団のクリューガー戦闘団がKV-1、KV-2の混成中隊から攻撃を受け、第37戦車猟兵大隊第1中隊の37㎜対戦車砲は容易く蹂躙されてしまった。多くはKV-1の履帯に踏み潰され、第73砲兵連隊第Ⅲ大隊の105㎜砲が投入されてどうにか2両のKV重戦車を撃破するまで、打つ手無しの状態だったのである。しかしオストロフでの反撃も、レニングラードに向かうドイツ軍をくい止められなかった。10日後の7月15日、北西方面軍は戦車150両（うち2両はKV-1）を集め、ソルツィにてマンシュタインの第LVI自動車化軍団への反撃に出た。また、8月にスタラヤで始まった反撃にも、中隊規模のKV重戦車が投入されている。7月から8月にかけて、前線に配備された少数のKV重戦車は燃料と弾薬の酷い欠乏に苦しめられていて、とりわけ戦車猟兵に有効なOF-350榴弾の不足は深刻だった。
　戦争が始まると、冬戦争で存在感を発揮した第20重戦車旅団の生き残り予備兵がレニングラードに集められ、キーロフスキー工場から新品の

戦車パニック！　プルコヴォ高地でのソ連軍KV重戦車による反撃　1941年9月13日（オーバーリーフ）

　ドイツ軍の先鋒となる戦車部隊が南と南西からレニングラードに迫ると、ジューコフ将軍は生き残りのKV重戦車を中核とした部隊を再編して、ドイツ軍に対する反攻作戦を開始した。この反撃で最大の脅威に直面したのが、第XXXXI自動車化軍団である。レニングラードを見下ろせるプルコヴォ高地に到達した瞬間、第36自動車化歩兵師団から抽出された戦闘団が、KV-1重戦車3両、KV-2重戦車5両、各種軽戦車15両と大隊規模の歩兵からなる混成部隊の襲撃を受けたのだ。
　プルコヴォ観測所付近の第66高地に観測陣地を構築中だったドイツ軍第118狙撃連隊／第Ⅰ大隊の歩兵を、ソ連軍重戦車が襲った。楔形隊形を保って前進するKV重戦車は瞬く間に対戦車陣地を蹂躙した。連隊直轄の戦車猟兵が操作する37㎜PaK36は、重戦車の分厚い装甲にかすり傷を与えるばかりで、簡単に跳ね返されてしまう。対戦車砲はKV重戦車の履帯に踏み砕かれ、砲操作班は銃弾に倒れた。牽引車は榴弾の直撃で爆発四散してしまう。連隊直轄の戦車猟兵が一方的に敗れるという事態に直面して、ドイツ軍歩兵は恐慌を来して、第118狙撃連隊／第Ⅰ大隊は潰走同然となった。
　事態を収拾するため、師団直轄の第36戦車猟兵大隊が進出した。彼らはKV重戦車に近接戦闘を挑んだ。100mを切る超近距離までKV重戦車を引きつけてから50㎜PaK38が射撃を開始する。KV重戦車の正面装甲には激しく火花が散った――しかし、戦車の動きは止まらない。50㎜PaK38や牽引車への損害が目立ち出すと、師団司令部は硬芯徹甲弾PzGr40の使用を許可した。タングステン弾芯を用いた貴重な砲弾である。最終的にKV-2戦車2両、KV-1戦車1両が動きを止めて、ソ連軍の反撃は失敗に終わった。しかしレニングラード市街に多数のKV重戦車が待ち構えているという予想は、北方軍集団の将兵に広く恐怖を植え付けた。陣地に埋服しているKV重戦車が相手では、戦車猟兵の対戦車砲はまったく歯が立たない。まして敵戦車の数が増れば、期待を抱くことさえ不可能という事実を前に、1941年のうちにレニングラードを攻略するというドイツ軍の戦略は頓挫したのである。

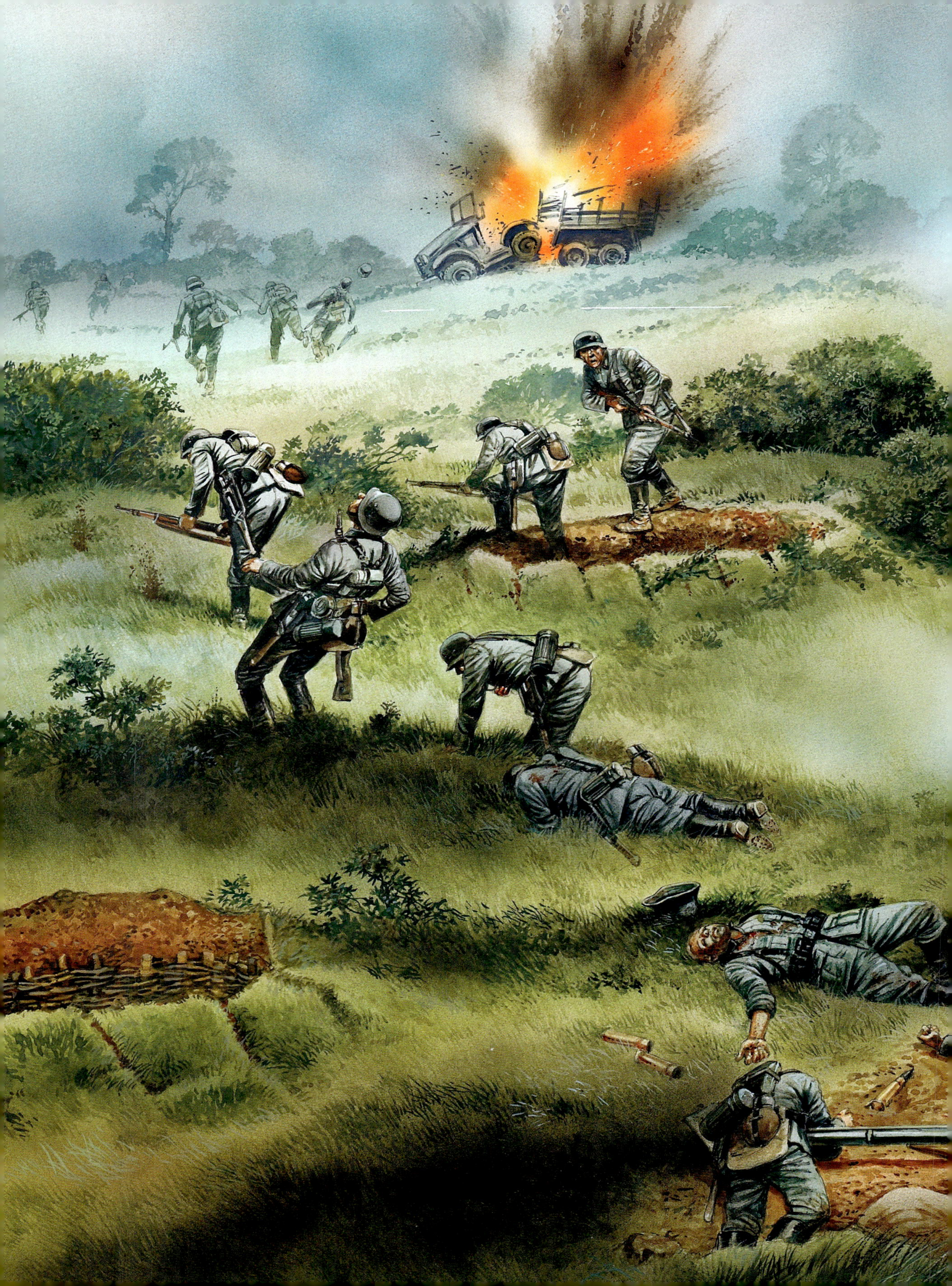

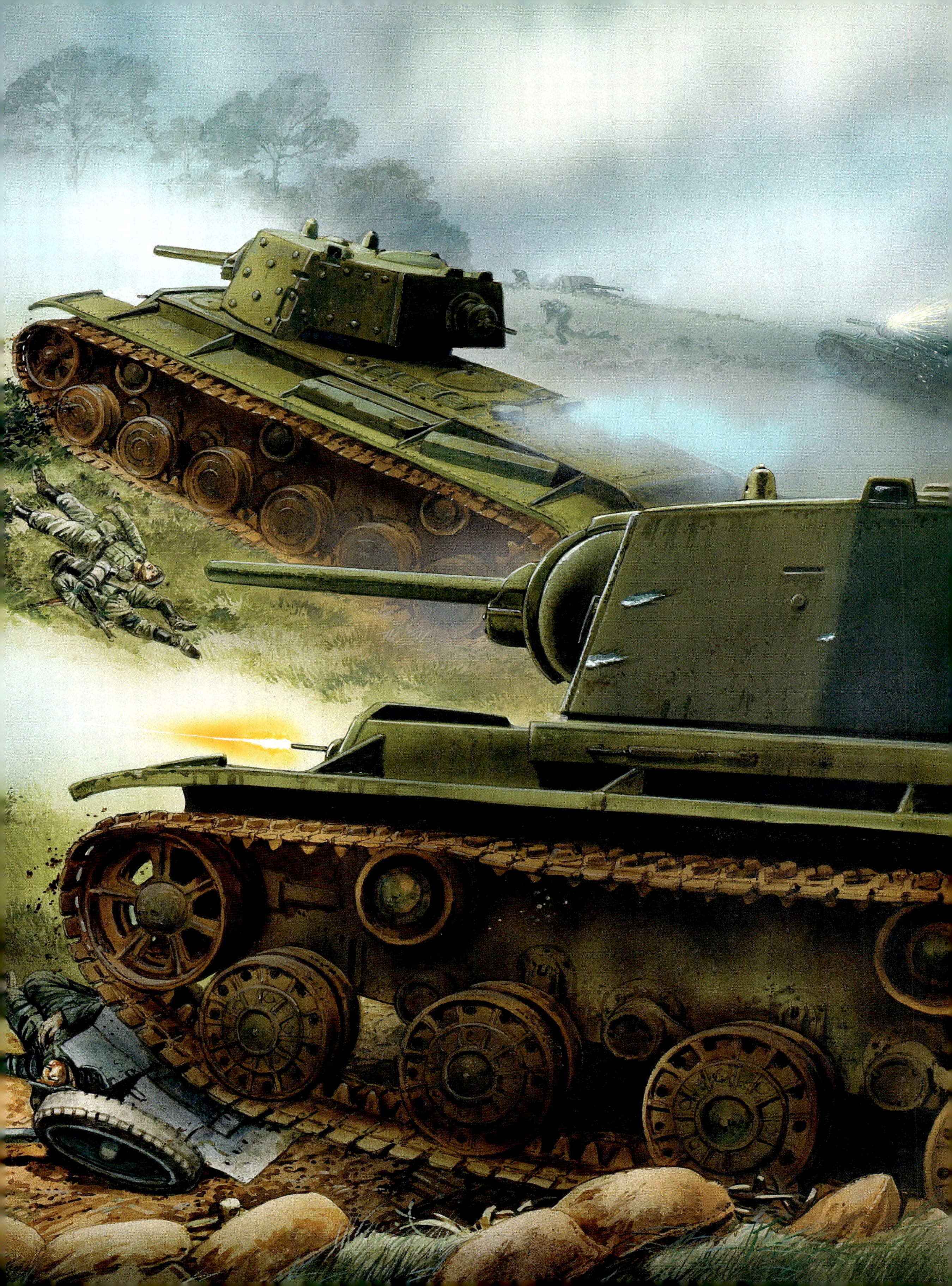

1941年8月、レニングラード南方の陣地帯で配置につく途中の、第1戦車師団のKV-1重戦車。経験豊富な予備兵が操作して防御にあたれば、KV-1は素晴らしい働きを見せる。（著者所有）

KV重戦車を渡された。マンネルハイム線でT-28多砲塔戦車を駆って戦ったジノヴィ・コロバノフ少尉も、そんな予備兵の一人だ。8月はじめ、コロバノフ少尉は新品のKV-1を装備した戦車中隊の指揮を命じられた。車両はボルト止めの増加装甲を装着していた。中隊の所属先は第1戦車師団となった。ドイツ北方軍集団が進撃を続けるなか、レニングラードから40kmほどにあるクラスノグヴァルデイスク付近に、赤軍はどうにか陣地帯を設けることができた。コロバノフ中隊は同地に送られ、敵の主接近路と予想される街道沿いに3個小隊と共に配置された。8月19日の朝、コロバノフは隊列を組んで前進してくる敵第8戦車師団の姿を認め、距離450mで奇襲に出た。タイミングは的確で、まず敵車列の先鋒を撃破したが、ドイツの戦車猟兵も対戦車砲の牽引を解くと、速やかに道路脇に展開した。射撃距離450mでは対戦車砲がKV-1戦車の正面装甲を破壊できる望みはまったくないが、それでも鈍重な重戦車に砲弾を浴びせ続け、156発もの命中を出した。KV-1は貫通こそ生じなかったが、ペリスコープが破損し、砲塔は歪みが生じて旋回できなくなった。コロバノフの砲手を務めていたアンドレイ・ウショフ軍曹は98発の搭載弾薬をすべて撃ち尽くしたので、コロバノフは後退して中隊の他の車両と合流しようとした。KV重戦車は相変わらずの機械的信頼性の低さから、突破戦車として期待された役割を果たしきれなかったが、防御戦車としては非常に優れていることを証明したのだ。

　クラスノグヴァルデイスクでの奇襲成功は戦局全般を好転させるには至らず、北方軍集団はレニングラードに向けて順調な前進を続け、9月には市街に到達した。8月から9月にかけてキーロフスキー工場で生産されたKV重戦車の多くはレニングラード防衛戦に備えて温存されていたので、市街地に近づくにつれて「52トン戦車」の姿が多くなることをドイツ軍は察知していた。第XXXXI自動車化軍団による突破は市街南方のプルコヴォ高地に届き、これを見て慌てた守備隊は、9月13日にKV重戦車8両の支援を加えた大隊規模の部隊による反撃を実施した。KV重戦車と第36戦車猟兵大隊の戦いはドイツ軍に大損害を与え、レニングラード市街突入が妥当かどうか北方軍集団に再考を迫るきっかけとなった。37mmと50mm対戦車砲は複数のKV重戦車にはとても対抗できず、彼らが歩兵や砲兵の支援

を受けている場合には、重砲を前線に引っ張り出すのは不可能に近い。プルコヴォ高地を巡る戦いはソ連軍にとって貴重な時間稼ぎとなり、キーロフスキー工場はレニングラードが包囲される前にチェリャビンスクへと疎開できた。続いて第122と第124重戦車旅団が60両以上のKV重戦車をもって編成されたが、これは1941年秋の時点でもっとも重戦車の密度が高い部隊であった。

　国境線での惨めな敗戦によりKV重戦車の数は大幅に減少していたが、それでも彼らが登場した戦場では、ほぼ確実に戦車猟兵は負け戦を強いられている。攻撃に現れた敵戦車部隊との交戦距離を200〜400mに設定して編まれた戦車猟兵の防御戦術は、KV重戦車にはまったく歯が立たなかったのだ。隠蔽状態の対戦車砲に気付かせないままKVをやり過ごした後、後方から攻撃を加えればどうにか効果が見込めたが、敵歩兵の支援がある場合は、この戦術は意味をなさない。あるいは運良く跳弾になって30mmの下部装甲に命中すれば、PaK36用のPzGr39徹甲弾でもエンジンや最終減速器を損傷させる可能性はある。驚くべき幸運か、第253歩兵連隊第14中隊所属、対戦車砲操作員のヴィルヘルム・ブリュックナー上等兵は37mm対戦車砲にて2両のKV-1を戦闘不能にした。1週間後には、さらに2両のKV重戦車を屠っている。この戦車はどちらも歩兵の掩護無しでバラバラに攻撃してきたもので、対戦車砲に気付かずに通過したところを、背後からほぼ零距離射撃で37mm対戦車砲の集中射撃を浴びて撃破されたのだ。どちらのケースでもブリュックナーの射撃はKVの装甲を貫通できなかったが、行動不能にするには充分な損害を与えている。しかし戦車兵は車内に留まり、火砲を操作し続けているため、戦車が塹壕に変わっただけとの見方もできる。ブリュックナーは騎士十字章を拝領したが、並外れた幸運も2ヵ月後には尽きた。彼はタイフーン作戦において戦死してしまったのだ。

　1941年10月、ドイツ軍がモスクワに向かって大詰めの前進を開始したとき、首都防衛に投入できるKV重戦車の数は、赤軍の戦車総数の中においてごく限られたものでしかなかった。1941年10月1日時点でモスクワ防衛には戦車700両がかき集められていたが、そのうちKV重戦車は西部方面軍の19両と、ブリヤンスク方面軍の22両に過ぎなかったのだ。10月から11月にかけてのモスクワ攻防戦で、赤軍は同時に22両以上のKV重戦車を投入できたことはなく、しばしば稼働数は半分を下回った。KV重戦車はもっぱら小隊サイズでまとめられ、独立戦車大隊ないし旅団に付属されたので、戦闘ではそれほどの存在感を見せられなかった。10月13日には少数のKV重戦車がドイツ第34歩兵師団を襲撃して、過剰な反応を引き出した。第4軍司令官ギュンター・フォン・クルーゲ将軍は「敵戦車には105mm砲に至るまであらゆる砲弾、徹甲弾が向けられた」と書き残している。KV重戦車の前進を止めるまでに3門の105mm榴弾砲が撃破され、第34戦車猟兵大隊では37mm対戦車砲1門と、50mm対戦車砲7門を喪失した。「砲塔をはじめ、各所に徹甲弾が命中したにもかかわらず、敵戦車の装甲を貫通できなかった。このような戦車が大挙して襲撃してくれば、局地的とはいえども我が軍は打ち負かされることになるだろう」とクリューゲは結んでいる。

　主砲をZIS-5戦車砲に換装したチェリャビンスク製のKV-1は、1941年11月にモスクワに送られているが、ほとんどは強化陣地で固定砲台のように使用された。補給さえ潤沢であれば、KV重戦車は防御兵器として無類の

悲惨としか言いようのない1941年の冬期戦では、戦車猟兵はどれほど苦しくても37mm PaK36に頼るほか無かった。50mm PaK38は極端な低温環境下では上手く作動しないことがあり、75mm PaK40はまだ配備されていなかったからだ。（イアン・バーター）

性能を発揮した。9月、スターリングラードにてソ連軍屈指の戦術家であるミハイル・カツコフ将軍は第4戦車旅団を編成した。この時期、新編戦車旅団の大半はガラクタのような残余部隊から編成されていたが、この第4戦車旅団に関してのみ、スタフカは最新機材によって編成すると決めていたので、10両のKV-1戦車からなる重戦車中隊と、T-34とBT-7の戦車大隊を中核とすることができたのである。カツコフの戦車旅団はモスクワ近郊で機動予備として温存され、10月初頭にグデーリアン機甲集団がオリョールを強襲した際に、ムテンスク付近で防御戦に投入された。10月6日、カツコフはムテンスクで敵第4戦車師団に奇襲を仕掛け、グデーリアンの露払い部隊に痛撃を加えた。グデーリアンはとうにKV-1やT-34との交戦を経験していたが、ムテンスクではその経験が役に立たなかった。今回のソ連軍戦車兵は燃料や弾薬をふんだんに支給されており、部隊指揮官も戦車の運用に慣れ始めていたからだ。エーベルバッハ戦闘団はKV重戦車とT-34戦車を主軸とした巧みな反撃作戦に直面し、第49戦車猟兵大隊は敵戦車の阻止に失敗した。それでも敵重戦車の出現を予期していたエーベルバッハは、戦闘団に2門の88mm高射砲と重砲部隊を加えていたので、これを対戦車砲としてカツコフにぶつけた。この的確な措置で多くの赤軍戦車が破壊されたが、高地を占めていた敵戦車兵は間もなく体勢を立て直すと、88mm高射砲や重砲を次々に狙い撃ってきた。これらの重砲をにわか仕立ての対戦車砲として使うリスクが、ここではっきりと顕在化したのだ。

　1941年が終わるまでには、レニングラード、ヴォルホフ方面を除いてKV重戦車は戦場から消えた。ヴォルホフ戦区では、第122と第124重戦車旅団がドイツ軍陣地から600〜800mの場所に隠れもせずに布陣し、動くものと見れば砲撃を加えていた。補給が欠乏し、有効な反撃が難しくなっていたドイツ軍は精神的に消耗した。赤軍兵はKV重戦車に「白いマンモス」とあだ名を付け、ドイツ軍を制圧する手段として大いに活用した。事実、KV重戦車の堅牢無比な戦闘力を前に、ドイツ兵の士気はずたずたにされていた。より優れた対戦車砲を前線に配備すべく、ドイツ軍は新兵器の生産計画を前倒しするほかなかった。KV重戦車が現れた戦場では例外

なく戦車猟兵は無力であり、戦区の担当指揮官には高射砲や重砲を対戦車戦闘に投入する以外に打つ手は無かった。硬芯徹甲弾PzGr40がある場合、50㎜対戦車砲は踏みつぶされる寸前の20〜30mの距離までKV重戦車を引きつけて射撃するような戦い方をたびたび強いられた。一方、コーチン技師の開発チームはチェリャビンスク工場にてKV-1の生産安定化に悪戦苦闘していた。KV-2は機械的信頼性が低すぎることが嫌われて生産中止になった。しかしKV重戦車の駆動系に関する批判的な報告が前線から寄せられているにもかかわらず、スタフカは的確なタイミングで投入されれば、KV-1戦車は決定的な戦力になると信じて疑わなかった。1941年が終わる頃、ドイツ軍は新型対戦車砲の開発に不眠不休の態勢をとり、ソ連軍は再建中の戦車部隊に一両でも多くのKV-1を届けようと昼夜もなく努力していたのであった。

1942年春：手段を選ばない戦車戦
BY ANY MEANS NECESSARY, SPRING 1942

　バルバロッサ作戦以来、東部戦線でソ連軍重戦車に対峙している戦車猟兵の装備見直しに迫られたドイツ軍は、まず歩兵部隊における対戦車能力の改善に力を入れた。これには火炎瓶やタールを使った視認妨害、履帯や砲塔旋回機構の破壊のような地味な対応策も含まれている。1942年初頭には、このやけっぱち同然の対戦車戦闘を鼓舞するために戦車破壊章が制定され、戦車猟兵に与えられていた「戦車撃破班」というあだ名は死語化した。

　冬季反攻では数が少なすぎたので、KV重戦車は主要な役割を果たしていないが、ごく少数でも彼らが現れた戦場では、ドイツ軍は厳しい戦いを強いられた。例えば、1942年2月5日0500時、ルジェフの北西にあるクレペニノという村に姿を現した1両のKV-1戦車が、ドイツ軍が占拠していた建物を砲撃している。これに対して、第256戦車猟兵大隊のヘーファー少尉が、深い雪の中を50㎜対戦車砲を引きずって射撃位置に着くまでに、3時間もかかっている。それでもどうにか距離150mからの射撃でKV-1に26発もの命中弾を送り込んだが、ついに破壊できないまま弾薬切れとなってしまった。弾薬を使い尽くしたKV-1は装甲鈑があちこちひび割れはしたものの、自軍戦線まで自走して引き返していった。しかし、このような出来事にもかかわらず、戦場においてKV-1が無類の防御力で暴れ回った時代の終わりは近づきつつあった。1942年1月中旬には北方軍集団にわずかならが75㎜砲用の成形炸薬弾が届きはじめ、ヴォルホフ戦線では、これまでな

東部戦線で最初の冬季戦をどうにかやり過ごしたドイツ軍であるが、各種車両に甚大な損害を受けてしまい、戦車猟兵の機動力を確保できなくなった。結果として、対戦車砲の牽引を馬匹に頼る割合が増えた。PaK38は重すぎて、戦車猟兵が人力で射撃位置まで動かすのは極めて困難であり、37㎜ PaK36に比べると戦術的な柔軟性が大幅に低下したのである。（イアン・バーター）

ら考えられないような距離からの射撃で、4両のKV-1戦車が撃破されたのだ。無頓着とも言うべき大胆さで、巨体を晒しながらドイツ軍陣地に迫る戦い方にKV-1戦車兵は馴れきっていたが、この時の経験から彼もまた慎重にならざるをえなかった。

　1942年3月になると、OKHはルジェフで鹵獲したKV-1戦車を使い、徹底的な射撃試験を実施した。この試験で、硬芯徹甲弾PzGr40を使って60mの距離から射撃すれば、50mm PaK38の場合、10発中5発はKV-1の装甲を貫通できることが明らかになった。28mm sPzB41も距離60mであれば15発中5発が砲塔を貫通できる。OKHの砲煩兵器担当士官は、新型の37mm PaK用の外装式成形炸薬榴弾Stielgranate41にも着目し、KV-1に対する効果について「外装式成形炸薬榴弾の直撃弾は重戦車にも充分に致命的な威力を発揮する。戦車兵の士気にもただちに良い影響を与えるだろう。分厚い黒煙をともなう爆発が戦車をまるごと包み込み、装甲は丸焦げになる」と報告している。実際、3発の外装式成形炸薬榴弾のうち1発はKV-1の砲塔装甲を貫通し、他の2発は転輪を損傷させた。完璧な射撃条件の下、距離60mで射撃したとしても、外装式成形炸薬榴弾の精度はそれほど正確ではなく、また殺傷能力も確実ではない。最終的に射撃実験では、75mm歩兵砲が距離250mで成形炸薬弾を撃った場合と、105mm lFH18が距離750mで硬芯徹甲弾を撃った場合にKV重戦車の履帯周辺に効果的な損害を与えうると結論した。直接射撃では、105mm砲の操作班が15発中8発を命中させて、限定的ながら対戦車砲としての役割を果たせることを示している。

　1942年2月から3月にかけてのホルム攻防戦では、戦車猟兵とKV-1の死闘が繰り広げられた。シェーラー戦闘団は、3ないし4門の対戦車砲しか持っていなかったにもかかわらず、3ヵ月にもおよぶ赤軍戦車部隊の攻撃を凌ぎきった。包囲戦の最中に、ルフトヴァッフェはグライダーを使って50mm PaK38を10門と42mm対戦車砲4門を運び込もうと試みたが、50mm砲のうち7門が失われた。またシェーラー戦闘団は37mm PaK36用に109発の外装式成形炸薬榴弾を受け取っているが、こちらの結果は散々だった。18発を射撃して目標に命中したのは9発に過ぎず、しかも1両も撃破できなかったからだ。PzRg40を使えば50mm PaK38でもKV-1を撃破できたが、ソ連軍はゆうゆうと破損車両を回収して、修復してしまう。ホルム包囲戦では、KV-1に対して戦車猟兵が威力不足であったために、KV-1は陣地からほんの数百メートルの所まで進出しては、ドイツ軍が籠もる建物を榴弾で粉砕するという大胆な戦いによって守備兵に大損害を与えた。

　赤軍は打撃戦力としての戦車部隊の再建に努力していたが、その一環としてスタフカは1942年2月にまず25個戦車軍団の創設に踏み切った。この戦車軍団は24両のKV-1を含む戦車169両から構成される。チェリャビンスクでは月産250両のKV-1を製

劇的な姿で動きを止めたKV-1が、ドイツ軍陣地の景色を飾り立てている。1942年春撮影。(著者所有)

デミヤンスクにて、死の突進。KV-1重戦車が50mm PaK38を蹂躙したが、自身も右の履帯が損傷して動けなくなった。(著者所有)

1942年2月から75mm PaK40が前線に届き始めるが、その数は続く3ヵ月間で130両余りに過ぎなかった。1942年暮れになってPaK40の数が揃い始めると、ようやく戦車猟兵はソ連軍重戦車に直面しても踏みとどまるに値する武器を入手できるようになったのである。（イアン・バーター）

造できたので、新編の戦車軍団のうち相当数は春季の戦いに間に合う見通しがついた。ところが不運なことに、スタフカは限りあるKV-1を戦線全体で多くの部隊に散らしてしまったために、この重戦車が持つ潜在的な衝撃力を戦場で発揮しきれなかった。例えば1942年5月には、28両がブリャンスク方面軍に、20両がカリーニン方面軍、40両が南西方面軍、30両がクリミア方面軍に配備されていたという案配だ。さらに1942年型KV-1戦車の速度がT-34やT-70よりも遅いために、同じ戦車軍団内での統合的な機動作戦の足を引っ張ってしまった。カツコフをはじめとする赤軍の戦車指導者はKV重戦車の機動性に不満を抱き、歩兵支援大隊へと追いやってしまうケースも目立った。結局、スタフカはいくつかの重戦車旅団を編成して、そこに24〜40両のKV重戦車を集中することにしたのである。

1942年春には、ドイツ軍の戦車猟兵も質的に大きな変化を遂げている。2月から3月にかけて、わずかながら75mm PaK40の配備が始まり、5月1日時点で130門の75mm PaK40、12門のPaK41のほか、少数のPaK97/38や数百門のPaK36(r)が東部戦線に配備されていた。6個軍の戦車猟兵大隊にマーダーII対戦車自走砲が配備され、50mm PaK38の増産の結果、戦車猟兵中隊のうち2個小隊の装備が37mm PaK36からアップグレードした。しかし1941年の戦いにおける対戦車砲の喪失数が多すぎたために、歩兵師団にはわずかな50mm PaK38しか残っておらず、OKHはまだしばらくの間、37mm PaK36を前線に留め置く必要を強いられた。成形炸薬弾と硬芯徹甲弾PzGr40もかなりの量が用意されつつあり、外装式成形炸薬榴弾はT-34やKV-1に対して37mm PaK36が抗しうる最後の希望となっていた。しかしKV-1に対抗する最善の武器はPaK36(r)であった。皮肉な事に、この武器の原型は1930年のラインメタル社製の砲にまでさかのぼる。第9軍配下、第256歩兵師団の戦車猟兵は、1942年3月8日の時点で37mm PaK36を20門と、76.2mm PaK(r)を1門しか装備しておらず、50mm PaK38は持っていない。この時期の戦車猟兵の疲弊がうかがい知れる実例だろう。

1942年1月には、チェリャビンスク工場がKV-1の月産200両体制を達成し、スターリンとスタフカは突破打撃部隊の決め手となる重戦車大隊の増強に期待を寄せていた。2月末までに、クリミア方面の第51軍に約40両の新品車両が送られ、パルパチを防御しているドイツ第46歩兵師団への攻撃に投入された。ケルチ半島の狭隘部を守備していたこの師団には50mm PaK38どころか、対戦車防御用の機材が大幅に欠けていた。これを補うため、ドイツ兵は対戦車壕を深く掘り、対戦車地雷を巧みに埋設して待ち構えていた。2月27日、ソ連軍が攻撃を開始すると、まず第56戦車旅団のKV-1中隊がアクモナイ

1942年5月、クリミア戦線で遺棄されたKV-1重戦車。パルパチ方面のドイツ軍防御陣地を突破しようとする試みは、対戦車壕と地雷原、対戦車砲の巧みなコンビネーションに阻まれてしまった。（イアン・バーター）

付近で対戦車壕を突破し、ドイツ軍防御陣地に数キロメートルほどの地点まで進出した。しかし、この最中に支援の歩兵と切り離されたところを、対戦車砲代わりに配置されていた1門の105㎜ IFH18榴弾砲が放った徹甲弾で狙い撃たれて撃退された。さらに師団工兵で編成された戦車撃破班が先頭に立ち、吸着地雷で2両のKV-1戦車を破壊してしまう。こうして初日の戦いが終わるまでにKV重戦車の大半が行動不能となり、ソ連軍の攻撃は失敗した。

　クリミアでの失敗に失望したスタフカは、1942年5月のハリコフ戦線における反撃に希望を寄せた。5月12日、第10戦車旅団をはじめ、複数の戦車旅団からかき集められた25両のKV-1に支援されて、第21軍と第28軍が攻勢に出た。第10戦車旅団は敵第79歩兵師団の右側面を粉砕し、13日から14日にかけて18kmほどの突破に成功した。第179戦車猟兵大隊はソ連軍の攻勢開始時点で37㎜ PaK36を16門、50㎜ PaK38を4門しか装備しておらず、多数のKV重戦車に対しては無防備も同然であった。代わりにドイツ第6軍は地雷原や88㎜高射砲、重砲、スツーカを投入してソ連軍の攻勢をくい止めようとしていた。第79歩兵師団の兵士は砲塔と車体の隙間にTマインを差し込んで起爆する対戦車白兵戦により2両のKV-1を破壊し、37㎜ PaK36も外装式成形炸薬榴弾で一定の戦果をあげている。こうして第21軍と第28軍による攻勢は間もなく終了した。一週間余りの激戦のあと、ソ連軍は防勢転換を強いられ、ドイツ軍が発動した反攻作戦により撃破されてしまったからだ。KV重戦車の喪失割合は80パーセントに達した。しかしこの第二次ハリコフの戦いでは［訳註12］、まだ戦術レベルの戦闘において戦車猟兵がKV重戦車を止める力を持たない事実は明らかであった。

撃破された2両のKV-1重戦車と、それを使って巧みに配置している37㎜対戦車砲。1942年夏に撮影。1942年5月の第2次ハリコフ攻防戦で、戦車猟兵は思い切った待ち伏せ戦術を駆使して、KV-1重戦車群の攻撃をどうにか退けることができた。（イアン・バーター）

訳註12：1942年春の雪解けにともなう泥濘が解消したのち、両軍の夏季攻勢の焦点はウクライナ地方の工業都市ハリコフ周辺に形成されたソ連軍のバルヴェンコヴォ突出部となった。先手を取ったのは、5月に攻勢を開始したソ連軍であったが、ドイツ軍はいったん戦線奥深くまで引きずり込んだ後に、集結中の部隊を的確に投入する機動反撃で壊滅的な損害を与えた。こうして一時的にハリコフ周辺からソ連軍の戦線が消滅し、勝利の余勢を駆ってドイツ軍はカフカス侵攻「青作戦」を発動する。この第2次ハリコフ戦の詳細は、独ソ戦車戦シリーズ3『ハリコフ攻防戦』マクシム・コロミーエツ著、大日本絵画刊に詳しい。

KV-1重戦車の戦闘手順

　KV-1重戦車の車長と砲手にとって、外部への視認性の低さは終始一貫して悩みの種であった。シルエットが小さい上に、地形を巧みに活かして擬装している敵対戦車砲を先に見つけ出すのは、ほとんど不可能であったのだ。KV-1重戦車の戦闘は、まず先制攻撃を受けて、砲塔なり車体に敵の対戦車砲弾が命中した瞬間から始まる。敵からの攻撃は大抵の場合、KV重戦車には効かないが、油断は禁物、車長はPT-4-7ペリスコープを覗いて敵対戦車砲の発見を急がねばならない。しかしドイツ軍の対戦車砲が威力を増すために大型化し、同時に牽引車も大型に切り替わると、KV-1内からの発見もそれほど困難ではなくなる。

　イラストの説明を始めよう。村落の外側で車体を埋伏しているKV-1の車長は、PT-4-7ペリスコープを通じて敵ハーフトラックの動きを注視していた（左）。ドイツ軍が村から約600mほどの位置に75㎜ PaK40を運び込んだからだ。ドイツ兵が対戦車砲の設置を終えると、車長から状況を伝えられていた砲手はTMFD-7照準望遠鏡で目標を確認した（右）。装填手はOT-350榴弾の信管を600mで切り、急いで砲尾に押し込む。砲手は慎重に主砲の狙いを定め、車長の命令を待つ。「発射！」車長の命令一過、砲手は戦車砲ZIS-5の射撃ペダルを踏み込んだ。着弾は目標の背後、車長は射角をあと5度ほど下げるように砲手に命じる。KV-1の戦車兵は平均して1分間に5発の射撃を実施できるので、PaK40が反撃に出る前に排除するのは大して難しい事ではない。

1942年夏の戦闘
SUMMER 1942 BATTLES

　ハリコフの戦いでソ連軍が敗北したあと、6月下旬になるとドイツ南方軍集団はヴォロネジ、スターリングラード、カフカースを目指す野心的な「青作戦」を発動した。歩兵師団には優先的に対戦車兵器が割り当てられ、第6軍所属の第79歩兵師団は75mm PaK40を8門、76.2mm PaK36(r)を12門支給されている。7月4日、スターリンはヴォロネジの西方、ドン川屈曲部に展開しているドイツ第4戦車軍への反撃戦力とするため、第5戦車軍の新編命令を発令した。ソ連第5戦車軍には83両のKV-1を含む戦車641両が集められたが、肝心の戦車旅団は敵第XXIV戦車軍団の側面に対する攻撃に五月雨に投入されて消耗していた。赤軍戦車部隊の攻勢正面に展開していたドイツ軍の2個戦車師団にはマーダー対戦車自走砲は配備されておらず、50mm PaK38と32両ほどのⅣ号戦車F2型〔75mm長砲身〕しかまともな対戦車戦力がなかったが、5日間の戦車戦でドイツ軍は一方的に勝利した。好天に恵まれ、戦場の地形も平坦であったにもかかわらず、KV重戦車はドイツ軍防御陣地を破れないまま90パーセント以上の損害を被ったのである。KV重戦車はドイツ軍のごくありふれた対戦車防御陣地でくい止められてしまい、ヴォロネジはあっけなく陥落した。スターリンは5月に見せたKV-1の一連の戦い振りに落胆し、6月5日には「もはやKV重戦車は不要である。もっと重量を減らせ。それができないのであれば前線から退けるべきだ」と宣告した。チェリャビンスク工場には機動性を改善し、デザインをより洗練させたKV-1の軽量化バージョンを開発するよう命令がくだった。

　ニコライ・シャシュムリン技師に率いられたチェリャビンスクの設計チームは砲塔の装甲を80mmに下げて、5トンほど重量を減らしたKV-1軽量化バージョンを開発した。能力不足のトランスミッションと空冷装置も改良されて、機動性も向上した。76.2mm戦車砲ZIS-5はそのまま使用されたが、

1942年7月、ヴォロネジ周辺で撃破されたKV-1重戦車。機械化軍団の新編成が進んでいたが、速度が遅いKV-1はT-34に追随できなかったため、しばしば歩兵や重砲の支援を得られないまま単独で作戦を実施しなければならなかった。当然、待ち伏せ攻撃に対しては無防備になる。(Bundesarchiv, Bild 101I-216-0412-07, Foto:Klintzsch)

視認性の改善のために車長用キューポラが新たに設計された。この新型KV-1は「KV-1S（Sは快速の意味）」と名付けられ、路上速度は旧型を時速8kmほど上回った。しかしKV-1Sの生産が始まるのは8月からであり、完成車が戦場に投入されるのは秋となる見通しであった。

7月になると、スタフカは東部戦線の各地での反撃準備に着手した。これによりドイツ軍の予備を引きつけて、スターリングラードへの敵の圧力を減らそうとしたのだ。KV重戦車への幻滅を隠せないスターリンも、突破戦力としてまとまった数のKV重戦車を投入するよう希望した。この戦略に沿った赤軍の反撃は、まずブリヤンスク方面で実施された。100両を越えるKV重戦車が、オリョール北方に布陣するドイツ第2戦車軍に対する攻撃に投入されたのだ。しかしジズドラ付近での2週間にわたる戦闘の末に、KV重戦車はドイツ軍の対戦車陣地突破に失敗した。攻撃参加部隊の一つ、第4親衛戦車旅団は、この攻勢で24両のKV重戦車を失っている。

スターリングラードにせまるドイツ軍を阻止するという目的から、7月27日にはソ連第1戦車軍がケルチ北西のドイツ第6戦車軍に対して反撃に出た。作戦に参加したKV-1の車長ヴァシリィ・クリュソフ少尉は、敵第60自動車化歩兵師団が保持していたロジキという村落の攻撃に向かう第158重戦車旅団に所属していた。「緑色の信号弾が連続して空に放たれた！　乗車のエンジンが唸り、KV重戦車は敵に向かって突進した。……敵の陣地までは1キロ半ばかりを残していたが、空が明るくなるにつれて、村の建物や木々がはっきりと見えてきた。ドイツ軍は砲火を控えている。弾薬を節約しようとしていたに違いない」と、少尉は回想している。

クリュソフ少尉の小隊を率いるKV指揮戦車は対戦車地雷を踏んで動きを止めてしまったが、残りのKVはみるみる敵との距離を縮めていった。「敵弾が絶え間なく左右から叩きつけられたが、車体はほぼ無傷だった──戦車は敵の砲を目がけて突き進んでいく！　友軍戦車は時折動きを止めつつ、主砲を猛射しながら進む……戦車が塹壕線に到達するまでに、敵は我が軍の3倍の命中弾を出していたに違いないが、貫通した弾は1発もなかった」　村の端にまで達したクリュソフは、小屋の裏手に隠されていたPaKを発見すると、これを踏みつぶそうと決意して、操縦手に速度を上げるよう命令した。「1分もしないうちに、戦車にがつんと衝撃が走り、履帯の下で金属がひしゃげるような音がしたんだ」

8月になると、西部方面軍が2個戦車軍団を投入してルジェフ突出部を

市街戦に備えて擬装している50mm PaK38。ドイツ軍は市街地での戦車戦をはっきりとは想定していなかったが、1942年のヴォロネジやスターリングラードでは市街戦が日常的な戦闘風景へと変化していた。（イアン・バーター）

攻撃した。戦車300両以上、うちKV-1は48両を数える戦力だ。しかしこの攻撃に先だって、ドイツ第9軍は2ダースを越える75mm PaK41を配備しており、ズブツォフ周辺での3日間の戦闘で、ソ連軍の半数余りの戦車がこの新世代対戦車砲によって撃破されてしまった。12門の75mm PaK41を装備した第561戦車猟兵大隊は、ソ連軍の2個戦車軍団をがっちりとくい止め、前進をほとんど許さなかった。PaK41が距離1000mからでもKV重戦車の分厚い正面装甲を貫通してしまう事実は、ソ連軍戦車兵をひどく狼狽させた。そして戦闘が終結するまでに突破作戦の失敗が明らかになり、48両のうち41両のKV重戦車が失われていた。8月10日には、北西方面軍がデミヤンスク突出部とドイツ第16軍を繋ぐラムシェヴォ回廊に対して攻勢を発動した。この戦いでは、第33戦車旅団、イワン・パルショコヴァ中尉のKV重戦車がリュカロヴォ付近でドイツ軍の強力な防衛線を突破したが、間もなく動きを止めている。パルショコヴァ中尉のKV重戦車はドイツ軍守備隊と6日間にわたり戦い続け、戦車を放棄して逃げるまでに4門のPaKを撃破した。しかし攻勢そのものは失敗し、KV重戦車は大半が地雷原で擱座してしまい、突破したわずかな戦車も隠蔽された対戦車砲によって粉砕された。対戦車砲の威力と有効射程が大幅に伸びた結果、KV重戦車が陣地帯に到達する前に、隠蔽された対戦車砲によって容易に撃破されてしまうという、戦場の潮目の変化を、赤軍司令官も認めないわけにはいかなかった。

　1942年8月から11月にかけて、ドイツ軍の5個歩兵師団——すべて中央軍集団——の戦車猟兵大隊にマーダー対戦車自走砲が配備された。75mm PaK40と76.2mm PaK36（r）も8〜10門の重砲と共に各師団に割り当てられ、成形炸薬弾の支給も増えた。しかし、1942年6月以降、タングステン弾芯を使った硬芯徹甲弾は姿を消していた。

　夏季攻勢で見られた一連の不調から、スタフカは戦車軍団に残っているKV重戦車をすべて回収すると、新たに14個の親衛戦車連隊を創隊する旨を10月に決定した。親衛戦車連隊はそれぞれ21両のKV重戦車からなる。この時点で、KV重戦車の役割は従来の突破戦車から、歩兵支援戦車へと変わったことになる。1942年12月には軽量新型のKV-1Sが7個戦車連隊に

1942年8月に登場したKV-1Sは、従来型の欠点であった低機動性の改善を図った新型重戦車であった。しかしKV-1Sは従来型より装甲が薄いという欠点があり、ドイツの新型対戦車兵器には非力であった。(著者所有)

まとめられてドン方面軍に送られて、スターリングラードに包囲下の敵第6軍に消耗を強いる狙いの「コルツォ作戦」に投入された。1943年1月10日には赤軍第21軍と第65軍が、100両以上のKV重戦車をともなって包囲網の西側から攻撃を仕掛けた。戦場は平坦で、固く凍結していたので、KV-1Sは期待通りの性能を発揮したようだ。さらに攻勢正面に布陣していたのは燃料も弾薬も枯渇したボロ切れのようなドイツ軍3個歩兵師団だけである。ところが信じがたいことに、ドイツ軍守備兵はソ連軍戦車の半数以上を撃破してしまった。第44歩兵師団の第46戦車猟兵大隊などは3門の76.2mm PaK36(r)を装備した1個小隊を中心に鬼神のような死闘を展開して、赤軍の先鋒戦車部隊に激甚な損害を与えている。3日間の戦闘により、最終的にドイツ軍防衛線は突破され、戦車猟兵はこれらの対戦車砲を遺棄してスターリングラード市内に退くほかなかった。市街戦では、ドイツ軍のマーダー対戦車自走砲がすべて燃料切れで動きを止めていて、ほとんどが無傷のままソ連軍の手に落ちた。やがて第6軍が降伏したが、KV-1S重戦車はデビュー戦を鮮やかな勝利では飾れなかった。3週間余りの戦闘で、80パーセントを超える車両が敵の反撃や故障で失われていたからだ。し

50mm PaK38の戦闘手順

戦車猟兵は距離400〜500mを想定した戦闘訓練を積んでいたが、KV-1重戦車が登場してからは近距離戦に備えた待ち伏せ戦術への対応を迫られた。それでも状況は厳しい。例えPzGr40硬芯徹甲弾を使った50mm PaK38であっても、KV-1を撃破して生き残るためには、敵の側面か後方から初弾を命中させなければならないからだ。

イラストは夕暮れの薄闇のなかを前進中のKV-1重戦車を攻撃する場面だ。敵戦車は擬装したPaK38に気付いていない。やや離れた場所で友軍の照明弾があがった時点で、PaK38からKV-1重戦車までの距離は100mに迫っていた(左)。これほど接近すると、砲手の8倍率ZF-3照準望遠鏡は敵戦車の隅々まで見通せてしまう。砲手は敵戦車の駆動輪に狙いを定めた。戦車猟兵たちは素早く射撃を繰り返し、KV-1重戦車が動きを止めるまで、立て続けに5発の命中弾を叩き込んだが、それでも完全に撃破することはできなかった。傷を負った重戦車は戦車猟兵を見出すと、怒りに身を震わせるようにして砲塔を旋回させる。PaK38の操作員は致命的な反撃を受ける前に敵重戦車を撃破しなければならない。いまや対決は最高の緊張状態になった(右)。この交戦距離では、どちらも狙いを外すことなどあり得ないのだ。

スターリングラード包囲環の中、弾薬も燃料も底を突いたマーダーⅡ対戦車自走砲は防衛戦で力を発揮できなくなった。第6軍が降伏すると、ソ連軍はこれらの車両の多くを無傷で手に入れた。（著者所有）

かしスターリングラードに包囲された友軍の惨状を見れば、ドイツ戦車猟兵にとってKV-1Sの不調はなんの慰めにもならない。マーダーⅡ対戦車自走砲を装備した軍直属の3個戦車猟兵大隊と、各師団に配備された21個戦車猟兵大隊はすべて壊滅しているからだ。

1943年：転換点
THE TIPPING POINT, 1943

　1942年冬から1943年にかけての東方総軍による戦車猟兵大隊の装備更新は、停滞を挟んでいたこともあって順調とは言い難く、年次が変わっても数の上では37㎜ PaK36や50㎜ PaK38が主流のままであった。例えば、1943年1月の時点でルジェフ突出部に展開していた第9軍／第XXVII軍団は装備に恵まれた部隊の一つであったが、255門の稼働対戦車砲のうち75㎜ないし76.2㎜砲の割合は29パーセントに過ぎず、残りのほとんどは標準以下のPaK97/38であった。1943年7月のクルスク戦になっても、歩兵師団のほとんどは5〜8門の新式対戦車砲しか保有しておらず、定数に12門の50㎜砲と40門の37㎜砲を加えていた。戦車猟兵部隊への新式対戦車砲の配

備が進んでも、ようやく小隊分ほどでしかないので、彼らは重対戦車砲小隊を編成して、37㎜砲や50㎜砲を主体としたままの戦車猟兵中隊に割り当てられた。

　一方、赤軍では1942年を通じて見せたふがいない戦果から、KV-1の現役継続について見直し作業が始まった。突破戦車の必要性については戦車部隊の上級指揮官の意見を入れた結果、大口径砲を搭載した自走砲こそが攻勢継続に重要との認識が持ち上がった。そこで余剰戦車の車体に大口径砲を搭載して成功したドイツ軍に倣い、コーチン技師はKV-1の車体に152㎜榴弾砲ML-20を搭載したKV-14を提案している。この自走砲は1943年2月に生産体制に入り、SU-152として制式化された。その間に、KV-1Sの生産は月産100両以下に削減されている。

　スターリングラード陥落後の1943年初頭、ロストフ、ハリコフを目指す攻勢に稼働状態のKV-1は参加していなかった。代わりに独立親衛戦車連隊は再編成に入ったままスタフカの予備とされた。そして1943年7月5日にクルスク突出部でドイツ軍の攻勢が始まった時には、もはや主力戦車の座はコーシュキン技師のT-34中戦車で固まっていたのだ。ドイツ軍の攻勢が停止する前に、赤軍はオリョール地区で敵第9軍に対する反撃を計画し、これにKV-1S装備の戦車連隊が投入された。ブリヤンスク方面軍には80両のKV-1を含む、300両超の戦車が集められ、ドイツ第XXXV軍団が保持するオリョール突出部の東正面に配置された。同軍団の4個歩兵師団はPaK40を15門、PaK41を7門、PaK36(r)を9門と、合計31門しか有効な対戦車砲を保有しておらず、これだけの戦力で140㎞もの戦線を守備していたのだ。もっとも、第9軍は新型の88㎜対戦車自走砲ホルニッセ10両を装備した3個対戦車自走砲中隊を軍予備として確保していた。7月12日早朝、約2時間ほどの準備砲撃のあとでブリヤンスク方面軍は、KV-1装備の3個戦車連隊に支援された6個狙撃師団をもって、ドイツ第56、第262歩兵師団の結節点を攻撃した。攻撃は成功し、数キロメートルの突破口を穿っただけでなく、ドイツ軍砲兵の一部を蹂躙したが、KV-1の進出速度が遅すぎたために、第9軍が第XXXV軍団に30両の自走砲を派遣するぎりぎりの時間を与えてしまった。13日になるとホルニッセ、マーダー装備の小隊も防御に加わり、赤軍兵は状況が一層厳しくなったことを思い知らされた。

破壊された75㎜ PaK97/38。成形炸薬弾を発射できる低初速砲が必要となった際に導入された兵器であり、フランス軍の古めかしい75㎜野砲にうってつけの再生手段であった。(Central Museum of the Armed Forces,Moscow via Stavka,K 176)

戦闘開始

ドイツ軍の火線に飛び込んだ瞬間、高初速で撃ち出された徹甲弾に装甲が切り裂かれてしまうのだ。KV-1の戦車兵は、75㎜徹甲弾や88㎜徹甲弾の威力の前に、彼らが無敵の存在であった時代は過ぎ去ったことを思い知った。役立たずと蔑まれてきた37㎜対戦車砲でさえ、外装式成形炸薬榴弾で1両のKV重戦車を葬っている。ドイツ軍の対戦車陣地を突破すべく行われた3日間の戦いが終わると、KV重戦車連隊は消滅していた。

オリョール突出部の戦いは、KV系重戦車の最後の戦いとなった。もはや突破戦闘の力にはならないことは明らかなうえに、T-34ほどの汎用性もないのでは仕方がない。8月に最後のKV-1が生産されると、チェリャビンスク工場はSU-152の生産体制に切り替わった。1943年7月までには、KV-1戦車は戦場のただの鈍重な的になっていた。ドイツ軍対戦車砲は1500mの距離から容易く撃破してしまうほどに強力になっていた。そして88㎜対戦車自走砲ホルニッセの登場は、戦車猟兵を非力な兵器にしがみついて半ば自殺に等しい防御戦闘を送る日々から解放し、同時に、ソ連重戦車が無敵を愉しんだ日々が終わったことを意味していた。

KV重戦車の黄昏──オリョール突出部におけるドイツ第XXXV軍団の対戦車防衛戦闘　1943年7月13日（オーバーリーフ）

1943年7月に勃発したクルスク戦。北部側面におけるドイツ中央軍集団の攻勢が峠を越えると、スタフカはクルスク北方のオリョール突出部に向けて、3個方面軍の集中投入による反攻作戦を発動した。この戦区では、ドイツ軍歩兵師団が一年以上にわたり入念に陣地を構築していたが、赤軍は戦力を最大限に集中した突破戦闘により、ドイツ軍の構築陣地を数ヵ所で破り、無力化できるものと見込んでいた。攻撃に参加するブリヤンスク方面軍は、突出部の東正面を守る第XXXV軍団に対して、6個狙撃師団と戦車300両からなる攻撃部隊を繰り出して、ノヴォシルを攻略しようとした。KV-1重戦車装備の3個独立戦車連隊が先鋒に立ち、ドイツ軍の第56、第262歩兵師団の担当戦区境界付近を襲うのである。これを迎え撃つ第262歩兵師団の担当戦区は長大であったが、4門のPaK36（r）と3門のPaK41、1門のPaK40を含む、61門の対戦車砲を配置して敵を待ち構えていた。

7月12日の早朝、ソ連第3軍の重砲による準備砲撃に続き、歩兵の攻撃が始まった。損害は大きかったが、この直接攻撃によりドイツ軍の第一防衛線は食い破られた。緒戦の成功で弾みがついたソ連軍は、戦車200両によりドイツ軍の抵抗を粉砕して突破口を穿ち、勝利を決定づけようとした。重戦車群がたちまち5門の50㎜PaK38を撃破して、砲兵陣地に躍り込む。しかしドイツ軍はこれに迅速に対応して、88㎜対戦車砲搭載の9両のホルニッセ対戦車自走砲を装備した第521戦車猟兵中隊をアルハンゲリスコエの町に投入した。ソ連軍戦車部隊の攻撃は押しとどめられた。翌13日の朝、再編成を終えた第114独立重戦車連隊が、町の東側に広がる開豁地から攻撃を再開した。KV-1重戦車にはあらゆる方向から対戦車砲弾が浴びせかけられる。町の南に広がる森林に配置された1門の75㎜PaK41が、のろのろと前進するKV-1重戦車に狙いを定めた。初速に優れたPzGr41硬芯徹甲弾が、重戦車の胴体装甲を容易く貫通する。それでもKV重戦車兵はひるまずに、前進を続けようとした。殺戮地帯を抜け出して、町の外縁に布陣している50㎜PaK38の砲列に跳び込もうというのだ。しかしKV重戦車の蹂躙戦術を知り抜いていたドイツ軍は、対戦車陣地の周囲に有刺鉄線と対戦車地雷を使った罠を張り巡らせていた。陣地帯に接触した瞬間に、KV重戦車の足下が炸裂して履帯がはじけ飛ぶ。動きを止めた重戦車は、周囲を取り囲む対戦車砲によって一方的に殺戮され、この戦区での反攻作戦は完全な失敗に終わったのである。

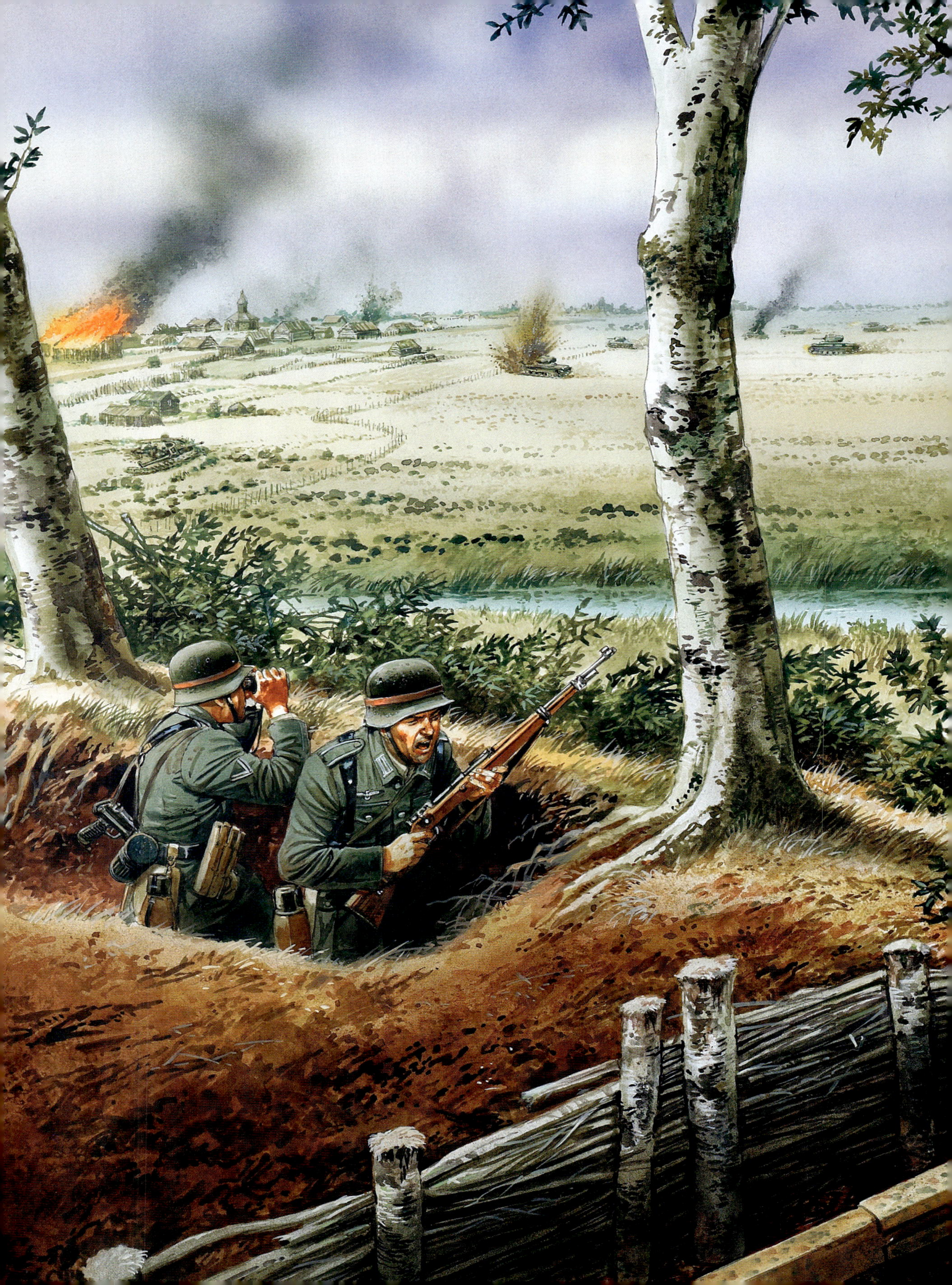

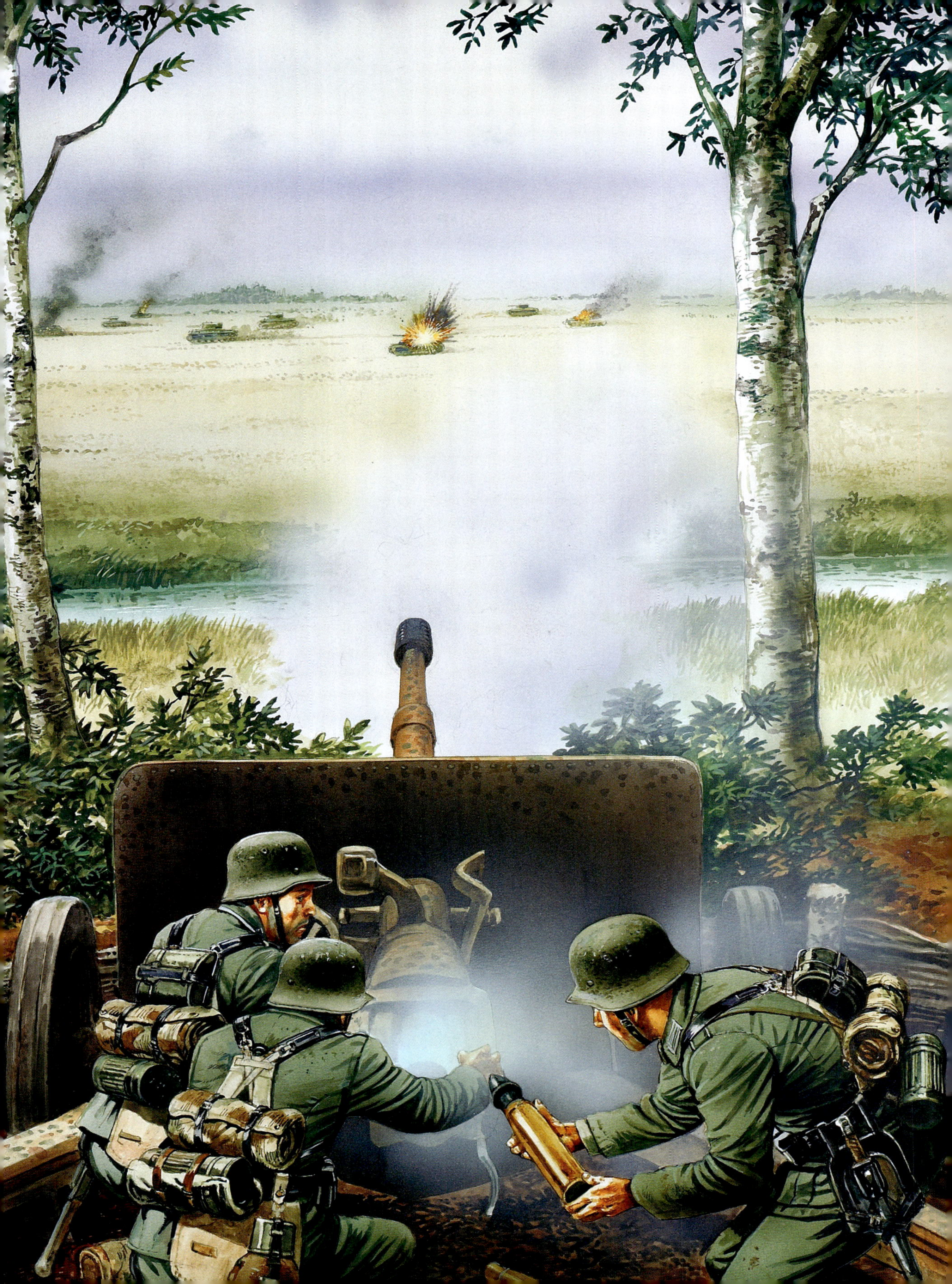

統計と分析
Statictics and Analysis

　東部戦線でKV-1重戦車に遭遇した戦車猟兵はひどく混乱し、狼狽を隠せないまま、一方的な対決の場へと引きずり込まれた。技術面では、37mmおよび50mm対戦車砲で当面は事足りるとしたドイツ国防軍の見立てが大変な誤りであることは明らかである。実際、ドイツ軍の対戦車兵器が完敗した事実は、第二次世界大戦を通じても大きな事件と見なされている。そのインパクトは、ドイツ軍のティーガー重戦車に対抗できる戦車がいなかった1944年の連合軍の比ではない。1941年6月から1942年5月にかけての戦いで、3600門以上の37mm PaK36と、350門以上の50mm PaK38が失われ、その多くがKV-1重戦車の履帯に踏みつぶされたものである。事実、バルバロッサ作戦当初に投入された37mm PaK36のうち45パーセントが失われた。壊滅的と判断して差し障りないだろう。もちろん、戦車猟兵にも多大な損害が生じている。

　赤軍の統計調査によれば、稼働状態にあった1540両のKV-1およびKV-2重戦車のうち、900両が開戦から半年間で失われている。戦闘報告の断片的な情報を総合すると、戦闘による直接の喪失は全体の24パーセントに過ぎず、実に61パーセントが遺棄されたか、乗員の手で爆破処理されたことが判明する。原因の大半は機械的故障か燃料の枯渇である。初期型のKV重戦車は極めて作戦稼働率が低く、T-34とでは比較にならない。開戦から一週間も経過すると、赤軍では軍管区ごとに20～30両程度のKV重戦車を集めるのが精一杯という状態になり、小隊かよくて中隊規模での運用しかできなくなっていた。1941年を通じて戦闘で撃破されたKV重戦車は215両を数える。おそらくその半数は88mm高射砲か重砲の直撃弾によるもので、残りは対戦車地雷や対戦車砲の零距離射撃、あるいは火炎瓶による

T-34中戦車に踏みつぶされた50mm PaK38。戦車猟兵は1941年から翌年にかけてソ連軍戦車部隊を相手に甚大な損害を受けた。非力な対戦車砲では敵戦車の前進をくい止められず、写真のように蹂躙されてしまう事態が続発したのである。（著者所有）

スターリングラードの路上に据えられた50mm PaK38。絶望的な戦局にあって、包囲された第6軍は降伏する直前にあっても、驚くべき数のKV-1重戦車を撃破していた。（イアン・バーター）

ものに違いない。概して言えば、KV重戦車1両の撃破と引き替えに3〜4門の対戦車砲が破壊されたことになる。1941年中の戦いで対戦車砲が仕留めたKV重戦車を100両前後とすると、300〜400門の対戦車砲が失われたと言うことだ。

　実際の数字がどうであれ、1941年の対決においてはKV重戦車の圧倒的勝利と見なすことに異論はない。補給態勢の不備や訓練不足をはじめとする様々な要因から、赤軍はKV重戦車の実力を完全に引き出すのに失敗したが、そのようなハンデがあってもKV重戦車はドイツ戦車猟兵を圧倒したのである。レニングラード周辺の戦いで、戦車猟兵がKV重戦車の集中攻撃を支えきれなかったことは、北方軍集団がレニングラード攻略に失敗した要因のひとつとなった。

　1942年における戦車猟兵とKV重戦車の対決は、前線よりもむしろ両国の軍需産業界による高性能対戦車砲と改良型KV-1の開発生産競争と呼ぶべき性格が強い。どちらがより多くの新型兵器を前線に揃えることができるかに勝敗の鍵が握られていた。この競争にタッチの差で勝利したのはドイツ軍である。鹵獲したフランスやソ連の装備と、成形炸薬弾の実用化により、戦車猟兵中隊は戦闘力を回復できたからだ。1942年の戦いでは約

KV-1S戦車の背後に隠れながら前進する赤軍歩兵。1943年夏に撮影。「快速戦車」として従来型より優れた機動性を手に入れはしたものの、引き替えに装甲を失ったことは、この間に攻撃力を向上させて来た戦車猟兵を相手にする上でマイナス要素に繋がった。この頃、KV-1重戦車は歩兵支援戦車の座からも滑り落ちて、動きが遅くて壊れやすいただのデカブツ扱いとなり、急速に戦場から姿を消しつつあった。(Central Museum of the Armed Forces,Moscow via Stavka)

1200両のKV重戦車が失われた。このうち半数は1942年に製造された車両である。機械的故障や燃料不足で失われた車両の割合がぐっと減った一方で、戦車猟兵の手で撃破された車両の割合が増加している。1942年後半にかけて、KV重戦車は戦場における支配力を徐々に失い、収支のバランスは戦車猟兵に有利に傾き始めたのである。

1943年になると、両者の対決ははっきりと戦車猟兵側の有利に傾いていく。決定打は75㎜および76.2㎜対戦車砲の実用化であった。多大な努力を要したKV-1Sの開発ではあったが、まだ機動性に不備が多く、KV-1Sはドイツ軍にとっては格好の鈍重な獲物であった。1943年後半までにはKV重戦車に対するドイツ軍の優位が固まり、ソ連軍はKV重戦車を前線から退ける判断に迫られた。戦車猟兵とKV-1重戦車の対決が基礎となって、1943年後半から終戦にかけての時期に、ドイツ軍の対戦車砲は著しい進歩を遂げ、1944年から'45年にかけて西側連合軍とソ連軍の戦車部隊は多大な出血を強いられることになった。

明確な技術面での優位を決定的な勝利に結びつけ損ねたKV重戦車の失敗の原因は、装甲防御力というひとつの要素にこだわりすぎたことにある。ドイツ軍としては、KV重戦車の装甲を貫通できる兵器を開発できれば、基本的な問題は解決できたも同然であった。ソ連軍から見たKV重戦車の欠点は、機動性が悪すぎてせっかくの装甲防御力を活かせなかったことにある。T-34中戦車のような機動性を欠いた状態では、せいぜい動くトーチカ以上の役割は果たせなかったのである。

戦い終えて
Aftermath

　KV-1重戦車は足腰の萎えた巨人に例えられる。1937年から1939年にかけてコーチン技師がデザインを単一車両に絞らずに幾つもの設計を試した結果、レニングラードの諸工場では膨大な資源が浪費された。T-34中戦車開発においてコーシュキン技師が見せた優れたマネジメントに比較すると、重戦車に対するコーチン技師の熱意の産物は、赤軍の期待にははるかに及ばなかった。彼の開発チームには最善の重戦車を生み出す能力があったのに、コーチンはすでに過重にあえいでいた車体に装甲鈑を追加しながら、期待された任務を達成するのに不可欠な機動性まで持たせようと固執したあげく、すべてに失敗しているのだ。

　KV-1の生産が打ち切られたにもかかわらず、コーチンは新型重戦車の開発を続け、1943年12月にはついにIS-2重戦車を送り出した。IS-2は、火力、機動性、防御力とあらゆる点でKV-1を凌ぐ存在であり、赤軍首脳部はこの戦車を独立戦車連隊に集めて、歩兵支援に専念させることに決めた。戦争後期の対戦車砲やパンツァーファウストのような携行対戦車兵器を持った歩兵は、IS-2重戦車をもってしても危険な存在であり、もはやいかなる戦車も、1941年から'42年にかけてKV-1が享受した戦場での無敵ぶりは再現できなくなっていた。

　ソ連軍における重戦車開発には、ひとつのこぼれ話がある。KV-1の設計に携わったニコライ・L・ドゥホフ技師は、1948年にKB-11戦車の設計を任じられ、ソ連初の核爆弾設計における副責任者にも抜擢された。後にドゥホフは水素爆弾の開発にも関与している。西側諸国にはほとんど知られていない事実だが、ドゥホフのエンジニアとしての才能はKV-1重戦車から水爆まで、赤軍の中に大きな足跡を残しているのである。

　一方、約2年にわたりKV-1から一方的に叩かれ続けた戦車猟兵の苦闘は、第三帝国が総力戦への準備を怠っていた事実を雄弁に物語っている。ドイツ軍需産業界が37mm PaK36から50mm、75mmへと強化していくのに必要な資源や支援を欠いていたという事実も、弁護には値しない。もっとも、連合軍も1944年の夏という短期間ながらも西部戦線において「ティーガー病」に苦しみ、17ポンド砲を持ち込むまではドイツ軍重戦車に対抗できなかった。とはいえ1941年から'43年にかけて東部戦線で奮闘した戦車猟兵とは異なり、連合軍兵士は火炎瓶や手持ちの対戦車地雷で敵の重戦車に立ち向かう必要に迫られることはほとんど無かったのだが。

　1943年中期以降、ドイツ軍戦車猟兵の能力は急速に向上する。パンツァーファウスト30型が8月に導入され、10月にはパンツァーシュレッケが登場するが、弾頭に成形炸薬弾を用いたこれらの対戦車兵器は、安価ながら卓越した対戦車戦闘力を持っていた。歩兵の手元に成形炸薬弾が行き渡ると、連隊レベルで対戦車砲を運用し、戦車猟兵が砲操作班を形成して

88mm砲を搭載したホルニッセ対戦車自走砲は1943年春に東部戦線に投入された。ホルニッセは距離2000mでKV-1重戦車を撃破する力があり、オリョール突出部での戦いで、見事の能力の高さを証明した。(Bundesarchiv,Bild 101I-279-0950-09, Foto:Bergmann,Johannes)

師団担当戦区をカバーする必要性が薄くなった。そして1943年11月以降に前線に届き始めた88mm PaK43搭載の対戦車自走砲ホルニッセは、KV-1の後継者であるIS-2を含むいかなるソ連軍重戦車も撃破する力を戦車猟兵に与えた。1943年の末にはドイツ軍の敗勢が濃厚だったにもかかわらず、師団レベルでの対戦車能力は1941年のそれをはるかに凌駕していたのであった。

牽引式の88mm PaK43は1943年秋に東部戦線に登場した。KV-1戦車に対する最終回答と呼べる兵器であったが、同時に機動性が低くて擬装も難しいため、戦車猟兵の戦闘ドクトリンを否定するものでもあった。クルスク戦後に常態化するドイツ軍の後退局面になると、このような重砲は次々と戦場に遺棄されるようになったのである。(著者所有)

参考文献
Bibliography

【主要参考文献】

Records of the Reich Ministry for Armaments and War Production,NARA,T733

6.Panzer-Division,Ia reports,T315, Rolls 322,323,325,350,351

262.Infanterie-Division,Ia reports,T315, Rolls 1832,1834

XXXV Armeekorps,Ic reports,T314, Rolls 864,868

"Bericht über das Versuchsschiesen mit Panzerbrechenden Waffen bei Rshew an 3.3.1942," T315, Roll 1769,frames 999-1004

Slesina,Horst,Soldaten gegen Tod und Teufel,Düsseldoref(1942)

【参考文献】

Fleischer,Wolfgang and Eiermann,Richard,German Antitank Troops in World War II,Schiffer Publishing,Aeglen PA(2004)

Folkestad,William B.,Panzerjäger: Tank Hunter,Burd Street Press,Shippensburg PA(2000)

Krysov,Vasiliy,Panzer Destroyer: Memories of a Red Army Tank Commander,Pen & Sword,Barnsley(2010)

Plato,A,D.von,"1st Panzer Division Operations," in David Glanz(ed),The Initial Period of War on the Eastern Front,Frank Cass,London(1993),pp.121-51

Raus,Erhard,Panzer Operations,Da Capo Press,Cambridge,MA(2003)
Sewell,Stephen,"Why Three Tanks?" Armor,Volime 107,No.4(July-August 1998),pp.21-29,45-46

◎訳者紹介 | 宮永 忠将

上智大学文学部卒業、東京都立大学大学院中退。シミュレーションゲーム専門誌「コマンドマガジン」編集を経て、歴史、軍事関係の翻訳、執筆を中心に活動中。大日本絵画刊行のオスプレイの各種シリーズのほか『西方電撃戦 フランス侵攻1940』など訳書多数。また『空想世界構築教典（洋泉社）』をはじめとするファンタジー創作ガイドブックも執筆している。

オスプレイ"対決"シリーズ　12

ドイツ戦車猟兵 vs KV-1重戦車
東部戦線1941-'43

発行日	2013年6月17日　初版第1刷
著者	ロバート・フォーチェック
訳者	宮永忠将
発行者	小川光二
発行所	株式会社 大日本絵画 〒101-0054　東京都千代田区神田錦町1丁目7番地 電話：03-3294-7861 http://www.kaiga.co.jp
編集・DTP	株式会社 アートボックス http://www.modelkasten.com
装幀	梶川義彦
印刷/製本	大日本印刷株式会社

© 2011 Osprey Publishing Ltd
Printed in Japan
ISBN978-4-499-23114-5

Panzerjäger VS KV-1
Eastern Front 1941-43

First published in Great Britain in 2011 by Osprey Publishing,
Midland House, West Way, Botley, Oxford OX2 0PH, UK
All rights reserved.
Japanese language translation
©2013 Dainippon Kaiga Co., Ltd

内容に関するお問い合わせ先：03(6820)7000　㈱アートボックス
販売に関するお問い合わせ先：03(3294)7861　㈱大日本絵画